建筑与环境艺术

全国高等美术院校
设计专业教学丛书

建筑的开始

小型建筑设计课程

傅祎 编著

中国建筑工业出版社

图书在版编目(CIP)数据

建筑的开始 小型建筑设计课程/傅祎编著. —北京：
中国建筑工业出版社，2005

（全国高等美术院校建筑与环境艺术专业教学丛书）

ISBN 978-7-112-07645-1

Ⅰ. 建… Ⅱ. 傅… Ⅲ. 建筑设计—高等学校—教材
Ⅳ. TU2

中国版本图书馆 CIP 数据核字（2005）第 109043 号

责任编辑：唐 旭 李东禧
装帧设计：王其钧
责任设计：孙 梅
责任校对：李志瑛

全国高等美术院校建筑与环境艺术设计专业教学丛书
建筑的开始
小型建筑设计课程
傅祎 编著
＊
中国建筑工业出版社出版、发行（北京西郊百万庄）
各地新华书店、建筑书店经销
北京中科印刷有限公司印刷
＊
开本：787×960 毫米 1/16 印张：15 字数：310 千字
2005 年 10 月第一版 2010 年 8 月第七次印刷
定价：**39.00** 元
ISBN 978-7-112-07645-1
　　　（13599）

总　序

　　中国高等教育的迅猛发展，带动环境艺术设计专业在全国高校的普及。经过多年的努力，这一专业在室内设计和景观设计两个方向上得到快速推进。近年来，建筑学专业在多所美术院校相继开设或正在创办。由此，一个集建筑学、室内设计及景观设计三大方向的综合性建筑学科教学结构在美术学院教学体系中得以逐步建立。

　　相对于传统的工科建筑教育，美术院校的建筑学科一开始就以融会各种造型艺术的鲜明人文倾向、教学思想和相应的革新探索为社会所瞩目。在美术院校进行建筑学与环境艺术设计教学，可以发挥其学科设置上的优势，以其他艺术专业教学为依托，形成跨学科的教学特色。凭借浓厚的艺术氛围和各艺术学科专业的综合优势，美术学院的建筑学科将更加注重对学生进行人文修养、审美素质和思维能力的培养，鼓励学生从人文艺术角度认识和把握建筑，激发学生的艺术创造力和探索求新精神。有理由相信，美术院校建筑学科培养的人才，将会丰富建筑与环境艺术设计的人才结构，为建筑与环境艺术设计理论与实践注入新思维、新理念。

　　美术学院建筑学科的师资构成、学生特点、教学方向，以及学习氛围不同于工科院校的建筑学科，后者的办学思路、课程设置和教材不完全适合美术院校的教学需要。美术学院建筑学科要走上健康发展的轨道，就应该有一系列体现自身规律和要求的教材及教学参考书。鉴于这种需要的迫切性，中国建筑工业出版社联合国内各大高等美术院校编写出版"全国高等美术院校建筑与环境艺术设计专业教学丛书"，拟在一段时期内陆续推出已有良好教学实践基础的教材和教学参考书。

　　建筑学专业在美术学院的重新设立以及环境艺术设计专业的蓬勃发展，都需要我们在教学思想和教学理念上有所总结、有所创新。完善教学大纲，制定严密的教学计划固然重要，但如果不对课程教学规律及其基础问题作深入的探讨和研究，所有的努力难免会流于形式。本丛书将从基础、理论、技术和设计等课程类型出发，始终保持选题和内容的开放性、实验性和研究性，突出建筑与其他造型艺术的互动关系。希望借此加强国内美术院校建筑学科的基础建设和教学交流，推进具有美术院校建筑学科特色的教学体系的建立。

　　本丛书内容涵盖建筑学、室内设计、景观设计三个专业方向，由国内著名美术院校建筑和环境艺术设计专业的学术带头人组成高水准的编委会，并由各高校具有丰富教学经验和探索实验精神的骨干教师组成作者队伍。相信这套综合反映国内著名美术院校建筑、环境艺术设计教学思想和实践的丛书，会对美术院校建筑学和环境艺术专业学生、教师有所助益，其创新视角和探索精神亦会对工科院校的建筑教学有借鉴意义。

吕品晶
中央美术学院建筑学院教授

前　言

　　建筑设计不只是那些设计天才所拥有的能力,而应该是更多人可以学习的知识与技能。有效的教学模式可以照顾不同学生的差异,促进提高教学的效率。当然任何单一的教学模式都无法提供完整有效的感受,以解释所有可能的设计原则、形态及价值。一个教学用的模式,为了清晰一致,必须暂时牺牲其包容性,清楚而有限制的设计模式,使学生容易获得认知和处理问题的手段,以及专业观念上的自信,然后才是应付一些更复杂且更暧昧的设计问题。

　　本书介绍的是中央美院建筑、景观、室内专业的学生在经历了一年级"造型基础","建筑初步"等设计基础课程之后,进入二年级第一个主要的建筑设计课题的策划、组织与教学的过程。作为学生建筑设计学习的开始,课程策划强调设计方法的导入与课程过程的管理,每一阶段都设立目标,设定所需解决的问题与所要完成的作业内容及标准。目的是通过设计一个小型建筑,让学生掌握建筑设计的基本方法,了解建筑设计的初步程序,体会建筑的本质,建立尺度的概念,学习解决建筑与环境、建筑与功能的关系问题。初步掌握建筑设计的一些技巧,训练方案的综合深入能力,徒手草图表达的能力,模型辅助设计的能力。本书重点在于提供建筑设计入门的一些方法和开始设计用得到的知识点,并希望以浅显精简的叙述与解释,达到方便易用的目的。

　　经过多年的实验性教学的实践,凝聚了教学集体的智慧和辛劳,作为集体教学成果的总结,书中最精彩的部分还是我们所尝试的一系列对低年级学生的建筑设计学习,有针对性、实验性的方法与手段,和在此模式基础上,学生们的设计经过与成果的佐证。教师个体对教学大纲的发挥、对设计题目的设计、对课题所设定的限制、以及激发学生创作冲动的方式、教师的投入和学生的激情才是精彩教学的基础。课程案例主要以2004年别墅设计课为主,课程为期8周,参加课题的学生共有110名,由中央美院建筑学院本科03级建筑／环艺专业学生及部分进修生组成,指导教师由张宝玮、韩光煦、王铁、傅祎、黄源五位教师组成。另外的部分案例是2003年教师活动中心设计课,参加学生55人(02级建筑),指导教师张宝玮、韩光煦、傅祎;2002年别墅设计课,参加学生30人(01级环艺),指导教师张宝玮、傅祎。

目　录

第一章 开篇——课程的介绍与组织

经过了一年级建筑初步课程的学习（空间形态的系列研究和讨论，基本的建筑表达手段，人体尺度的感性认知等训练），此课题是建筑学院学生进入二年级以后第一个完整的专业课程设计，通过此课题学生们将开始真正意义的建筑的思考与表达，满怀激情，走近自己的抱负和理想，为今后处理不同类型和要求的建筑设计课题，创造满足方案构思的建筑空间形态，同时解决不同的功能要求提供初次的实践经验。

通过设计一个建筑面积在250～300m²的小型建筑，让学生掌握建筑设计的基本方法，了解建筑设计的初步程序，掌握建筑设计的基本原理，学习解决建筑与环境，建筑与功能的关系问题。学习和掌握建筑形态构成的一般原理，以及建筑设计原理的基本知识，初步掌握建筑设计的一些技巧，训练方案的综合深入能力，徒手草图表达的能力，模型辅助设计的能力，进一步运用制图与表现等建筑表达的手段。

在这个课题中我们常以小型别墅设计作为训练，别墅作为居住建筑，要解决人们的吃、喝、拉、撒、睡、学习、聚会等日常生活需求，和学生们的日常生活较为接近；别墅又与其他居住建筑有所不同，不在于规模大小，投资多少，豪华程度的差别，而在于其用地常常具有特殊性，功能需求常常具有个体性，个性是别墅设计风格最主要的特点。作为居住建筑的别墅，虽小但五脏俱全，规模难度正合适用来作为入门的第一个设计。

● 课程的组织与创新

别墅设计是建筑专业的传统课题，在我们的教学中，尝试了一些有针对性、实验性的方法与手段，调动学生的创作激情。在设计构思的技巧上对学生进行训练。比如改变教师提供设计任务书的做法，通过与真实业主建立沟通机制，平衡设计者与用户的偏好，化限制为创意，以此建立建筑师职业意识，同时训练建筑设计前期研究的意识；强调基地的限制，对基地进行测绘，由基地模型出发进行环境构思，处理方案与环境的关系；借鉴其他艺术形式，用移位思考在建筑形态或建筑意境上予以启发，成为构思的源泉，以此激发学生的创作欲望，表现对自己未来作品的向往与憧憬；教师会给学生示范图纸的草图画法及构思表达，因材施教引导，结合学生方案提升设计，同时在实际设计方案中把设计原理介绍给学生，并使之受到启发；教师会分析和判断学生的方案，组织学生讨论，训练其充分表达能力（语言、图纸双向表达）。这些教学方法上的尝试，已取得了不错的成效，学生们表现出来的创作激情，卓越的才华，思辨的能力，方案的原创性，设计和表达技巧，设计深度和完成度，越来越超过了老师们预期的目标，取得了很好的教学结果。

作为建筑师职业教育的一部分，课程强调时间阶段的管理与设计的计划性，以此影响学生形成正确的建筑设计工作方式与态度。教学计划对于教学成果和阶段控制都有统一要求，分为前期调研、方案构思、中期草图和最终成果等几个阶段。课程的前四周，每周一次大课，由辅导教师组的每位教师分别结合大师作品就建筑设计基本原理与方法、建筑的基本问题，以"建筑设计方法入门"、"建筑的功能性与场地性"、"建筑的时空性与技术性"、"建筑漫谈"为主题进行讲解。同时教师组带学生去"长城脚下的公社"实地参观别墅，并作专业讲解。在每一阶段都有较为详细的成果要求和时间要求，同时给学生准备范例以示标准。提交中期草图时小组有评图，课程结束时各教学小组推荐优秀作业进行全班答辩，全班在中期和课程结束时要进行展览，以此达到师生间的教学交流。课程结束时要求每个学生将设计过程和最终成果以电子文件的形式提交，由建筑学院资料室保存建立档案。

随着中央美院办学规模的逐年扩大，目前建筑学院一个年级的学生已超过百人，建筑学院专业设计课的教学组织方式也随之调整，改变了由原来一个专业教师独立负责一个班级教学单位（10人左右）的课程教学和辅导的方式，按照1：20的师生比，由一个多人教师小组集体完成教学任务，每个教师独立负责辅导一个学生小组，在计划分配的基础上，学生之间可以自行互换小组，选择教师。教师组结合了略有不同的专业教育背景的老中青三代教员，形成相对稳定的教学梯队。

由一名教师一直负责课程的策划和组织工作，在课程开始前，教师组就教案进行初步讨论，确定教学重点、选题、规模、基地、成果要求、时间安排、评分标准等要点，以此为基础，各位教师发挥各自的教学特点，在自己负责的教学小组各自尝试实验性的教学方法，并提出小组自有的教学要求，独立完成教学任务。教学小组之间的教学差异，通过学生之间的相互影响，使同学们在课堂下获得更多的收获。

一百多人的班级安排更多的全班评图确实是有困难，然而也是必要的。全班范围的中期成果展示和最终成果展示，组织推选各组优秀作业进行全班评图，是全体师生间重要的教学交流。学生们需要同时听到不同老师对一个方案的评价，可能有些意见是相左的，教师间的争论，对于学生更有裨益，本来建筑艺术的答案就不是惟一的。

● 课程教学文件(以 2004 年别墅设计课题为例)

一、课题阐述

什么是别墅：

别墅与其他居住建筑的不同，不在于规模大小，投资多少，豪华程度不同，而在于：

1. 别墅用地是特殊选定的，可能是山上、海边或森林；它不应该是开发商成片开发的，那只能称之为独院住宅。

2. 别墅应该是个别设计，单独建造的，批量生产的不能称之为真正意义的别墅。

3. 别墅设计要反映业主与设计者的职业特点，文化品位，个人喜好以及风格理念。

个性化是别墅设计的最主要特点。别墅可能具备一些特别的空间，如画家的画室，摄影家的暗房，家庭影院，迷你高尔夫球场等反映业主个人特点的空间。这是市场上的"别墅"所不能满足的。

二、教学目的

通过设计小别墅，作为建筑设计学习的开始，让学生掌握建筑设计的基本方法与初步程序，让学生了解建筑的本质，让学生关注建筑与文化、艺术、经济等相关领域之间的关系。

三、设计内容

由教学小组自行选择基地并设定功能任务书，设计建筑面积在 250～300m² 的单层或多层小别墅，要求建筑功能合理，与外部环境关系协调，建筑造型独特美观。

任务书（供参考）

主要空间：起居室 30～40m²，餐厅 12～18m²，厨房 6～10m²，家庭起居室 15m²，书房 10～15m²，工作室 20～40m²，主卧 15～20m²，主卫 7～10m²，衣帽间 4m²，次卧 10～15m²，次卫 4m²

辅助空间：工人房 5m²，洗衣房 10m²，储藏间 5m²，车库 30m²，客房 10m²，客卫 4m²

交通空间：门厅 3～5m²，门廊，走廊，楼梯，电梯，坡道

四、课程计划（时间表）

	周一	周三	周五
第一周	分组，课题解释	讲课一	教学参观
第二周	讲课二	调研	评图一：调研成果与创意
第三周	讲课三	设计辅导	设计辅导
第四周	讲课四	设计辅导	设计辅导
第五周	评图二：中期成果	交流展览	设计辅导
第六周	设计辅导	设计辅导	设计辅导
第七周	设计辅导	设计辅导	设计辅导
第八周	成果表现	成果表现，作品提交	评图三：最终成果

注：另择日进行成果展览和优秀作业介绍。

图1-1　2004年课程教师评图现场

图1-2　2004年课程教师评图现场

图1-3　2003年课程评图现场

图1-4　2003年课程中期方案展示现场

五、成果要求

● 方案构思演示要求

1．以文学和绘画等其他艺术形式来表达方案概念或形态创意。

2．调查业主使用状况，据此确定设计任务书。

上述内容用Power Point或JPG文件演示，画面数在10个左右，讲演时间5分钟。

● 别墅设计中期成果要求

1．制作1：100草图模型：着重表达方案与基地环境的关系，以及建筑形体意向，适当表达建筑的虚实关系。

2．以平面图和剖面图为主的1：100草图，反映功能布局和空间变化。

3．方案构思草图及调研分析图解。

上述内容制作材料不限，图纸部分以300dpi精度扫描成电子文件，格式为JPG，存储质量选择最高。模型部分在合适灯光（可用深口灯模拟南向日光）或日光下，用400万像素以上数码相机拍摄。

将上述图纸和模型照片在电脑中排版，打印出的展板尺寸为600mm×600mm，电脑排版时采用150dpi精度，像素为3543×3543。版面中应包括别墅设计中期成果、设计人姓名、指导教师姓名，将最终排版文件存为JPG格式，取最高质量。

将图纸文件、模型文件、图版文件存在一个文件夹里。以〝别墅设计中期成果，年级，姓名〞命名。

● 别墅设计最终成果要求　　　　　　（黄源编制）

总平面图 1：500（如有局部地形等高线，请画出；明确建筑与周围环境、道路的关系）。

各层平面图 1：100（首层平面图画出周边的环境设计，如铺装、绿化配置、环境小品等）。

四个立面图 1：100（如果建筑有立面埋入山体不可见，可只画出主／侧立面图）。

至少两个剖面图 1：100（反映主要空间关系）。

建筑外部透视效果图一张（A4幅面，可以用钢笔淡彩等表现方法）。

建筑室内透视效果图一张。

平立剖图用黑色墨线绘制。如用硫酸纸，扫描时需衬白纸。以300dpi精度扫描成电子文件，每图一个电子文件，格式为JPG，存储质量选择最高。要求构图饱满、成像清晰、对比适中（可用photoshop适当调整）。

文件命名方式：以〝图纸文件〞命名文件夹，其中包括图片——01总平面.Jpg，02一层平面图.Jpg，03二层平面图.Jpg，04南立面图.Jpg等。

制作1：50别墅模型，要求准确表达出主要的结构和空间关系，表达出门窗形式。考虑墙厚、柱大小，适当表现材料和一些细部处理。

每人在合适灯光（可用深口灯模拟南向日光）或日光下，用400万像素以上数码相机拍摄20张模型照片。从中选出10张提交：要求俯视角度3张，平视角度3张，外部局部2张、内部空间2张。

文件命名方式：以〝模型照片〞命名文件夹，其中包括图片——01.Jpg至03.Jpg：俯视。04.Jpg至06.Jpg：平视。07.Jpg至08.Jpg：局部。09.Jpg至10.Jpg：内部。

上述两个文件夹放在总文件夹内，总文件夹命名方式：

作业名称＋学号＋年级＋姓名。

将上述图纸和模型照片在电脑中排版，打印出的展板尺寸为600mm×1200mm，统一采用竖排版。电脑排版时采用150dpi精度，像素为3543×7087。

版面中还应包括别墅设计标题、设计人姓名、指导教师姓名、设计日期和300字左右的设计说明。图纸在打印出的展板中尽量保持1：100比例。如果需要缩放，除总平面以外，平立剖图要求保持一致的比例，每一个图下方不写比例，但必须画上比例尺。

将最终排版文件存为JPG格式，取最高质量。命名为：

作业名称＋学号＋年级＋姓名.JPG。

将最终排版文件存入上述总文件夹下。

六．评分标准

最终成果评判标准：

1．制图准确，工作量符合成果要求；

2．满足功能要求，空间布局合理；

3．设计有特色，构思有创意；

4．设计表达完善全面并有特点。

分值档位

90分以上：四项标准均达到；

85～90分：有一项标准稍有欠缺；

80~85分：有两项标准稍有欠缺，或一项标准缺陷较大；

75~80分：有三项标准稍有欠缺，或两项标准缺陷较大；

60~75分：完成作业，工作量符合作业要求。

第二章 大师作品分析——建筑的基本问题

　　无论谁是建筑设计者，无论设计什么类型的建筑——别墅、幼儿园还是博物馆，基本上都是要受限于基地的条件和既定的建筑计划。此外建筑师要面对特有的文化和习俗，适应一连串的几乎固定不变的原则与法规，最后，整个设计必须符合建筑在实用上的需求。每一个建筑的设计都是一个综合系统的设计，都包含建筑的多方面的基本问题。这些问题都不会发生在妥善设定且符合逻辑的线索上，它们之间是一种动态的关系，它们并不是可以分解开而独立存在的。设计不是直线形的发展，没有特定的目标，也不只是导向某一个目标，目标也不只是一个。掌握所有的条件和预期的结果，平衡各方面的要求与问题，并突出与众不同之处，才是建筑设计的主要课题。

● 建筑的功能性

　　雕塑与建筑的区别并不在于前者的形式更为有机，后者的形式更为抽象。即使是一件最抽象的、纯属几何形状的、超大尺度的雕塑也决不会成为建筑。功能就是建筑艺术区别与其他艺术的首要特征。建筑的价值大部分还是决定于它对功能的满足程度。建筑功能的好坏，具有其本身的要素，这种限定存在于建筑师所承担的每一个项目。

　　建筑的功能性要求这一特点曾经发展到了极端，现代主义自20世纪30年代起迅速向世界其他各地区传播，成为20世纪中叶西方现代建筑中的主导潮流，讲求建筑的功能是现代主义建筑运动的重要观点之一。而建筑的"功能主义者"认为不仅建筑形式必须反映功能、表现功能，建筑平面布局和空间组合必须以功能为依据，而且所有不同功能的构件也应该分别表现出来。例如，作为建筑结构的柱和梁要做得清晰可见，建筑内外都应如此，清楚地表现框架支撑楼板和屋顶的功能。功能主义者颂扬机器美学。他们认为机器是"有机体"，同其他的几何形体不同，它包含内在功能，反映了时代的美。因此有人把建筑和汽车、飞机相比较，认为合乎功能的建筑就是美的建筑，其几何形体在阳光下能表现出美的造型。他们认定功能主义会自动产生最漂亮的形式。

随着时代的发展，设计成为消费的时代已经来临，现在的东西都不是使用到坏才丢弃。同样建筑功能的含义与内容应该有更宽泛的界定与需求：建筑与环境的关系，建筑本身的表现，建筑形式的象征意义等都被归纳到功能的范围。Herman Hertzberger 在《建筑学教程——设计原理》一书中指出：对个人生活方式的统一表达必须废止，我们所需要的是空间的多变，在这些空间中不同的功能被简化为建筑原型，通过他们适应和吸收，并诱发所期望发生的功能和今后改变的能力，形成共同生活方式的个人表达。

功能需求来之于人的活动，功能需求的性质分动和静、公共和私密、光照需求、水平活动和垂直活动、短期和长期、服务和被服务以及交通的要求。安排功能的准则就是要将各种相同性质聚集而成的活动集合和活动运作程序按先后关系编排。尽管别墅生活常见的功能和空间布局有一定的定式，但是不同阶层、不同家庭结构、不同职业对于居住空间会有不同的功能需求，住宅空间正朝着空间功能的个性化与细分化的趋势发展。

手机的发明给现代人的生活工作带来了方便，顾名思义移动电话就是只要手机开着，只要有信号覆盖，随时随地可以联络到机主，通讯联系非常方便。现在手机的功能已扩展到可以上网聊天发短信，甚至是增加了影音功能，成为手机与MP3、手机与数码相机的结合。设计是无中生有，是将不可能变为可能，对生活状态我们要有自己的提问，我们要善于从生活常态中发现不寻常处。于是当"用于休息和思考的住宅"、"不用视觉感受的盲人别墅"成为功能的要求时，别墅该是如何的不同寻常。

库哈斯设计的在法国波尔多附近的私人别墅，业主是个残疾人，"这座房屋就是我的全部，你尽可能复杂的设计它"，这是业主向库哈斯提的要求。为了消除主人行动不便的困难，连接所有楼层的是一个开放的3.5m×3.5m的升降平台，由位于它中央的一个液压活塞支撑，顶部有一个和它大小完全一样的天窗用来采光。平台有精巧的滑动式铰链玻璃栏杆和移动围栏系统，可以使之成为这个3层住宅中任何一层主房间的一部分。和升降台相邻的是一个单独的装满书架的墙，有8m高，收集了这个家庭坐在轮椅上的父亲的书籍和艺术品。三楼卧室层像舷窗一样的窗户看起来像是随机排列的，其实窗户高度适合人

9

站着、坐着和躺着高度，并且朝向特别的景色而设定。三个高度分别是1.65m、1.20m、0.75m。库哈斯采用流动性和倒置的设计主题，模糊建筑物上下、内外的区别：一层依山而凿，是服务设施的房间和酒窖；二层起居层用玻璃围合，看起来轻盈通透；三层的卧室空间包围在一个铸造的水泥箱子里，仅有三个支撑点支起看来厚重的盒子：二层东部螺旋楼梯的外墙，西部内外两根柱子不对称架起的载重钢梁，并有一根暴露的钢铁拉紧杆把它与入口大厅的地面连接。别墅的南立面看起来有3层，而北面只有两层，内外空间的模棱两可，起居室可以直接面对外面的草坡和屋顶平台。图2-1为莱姆·库哈斯设计的波尔多附近住宅。（引自《实验性住宅》[英]尼古拉斯·波普编著，中国轻工业出版社）

图 2-1(1)

图 2-1(2)

图 2-1(3)

图 2-1(4)

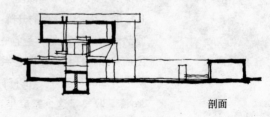

剖面

图 2-1(5)

图 2-1(6)

图 2-1(7)

　　塔宅是建筑师马龙·布莱克威尔为一对年轻的夫妇设计的。这个82英尺高的建筑具有简单的概念，那就是建造成火警观察塔、水塔或谷仓，表达对委托人祖父童年的树屋回忆的敬意，同时令人联想到平凡的工业水塔、灯塔、鸟巢以及其他童话中的建筑。作为一个比树还要高的房子，它提供不同寻常的体验，可以享受超越山霆和树冠的优越性。这个设计从塔底部的开敞的楼梯直通塔顶。参观者通过钢框架门进入底层，在底层庭院中铺砌了当地河流小溪中的石子。建筑外部由竖向木条和横向的金属支架组成，创造了条纹阴影同时提供客人房子周围57英亩的环境景观。爬到五层到达起居空间，该住宅拥有560平方英尺的居住空间，通过外墙的窗户拥有广阔的视野。在内部有两层的居住空间：休息室、洗澡间、厨房在下层；起居与卧室在上层，室内地面与墙体使用白橡木。在居住空间的顶层是开敞的，那就是布莱克威尔所说的露天内庭。图2-2为马龙·布莱克威尔设计的塔宅。

图 2-2(1)

图 2-2(2)

图 2-2(3)

图 2-2(4)

图 2-2(5)

图 2-2(6)

　　MVRDV 设计的在荷兰的乌特勒克的双住宅采用"折叠"相邻两家分户墙的形式，来适应政府私有财产权法律规定，并得以保证两户人家房屋的独立性和均好性，最大可能地获得高品质和富有活力的居住环境。个性与容忍在这个住宅中获得了建筑的表达，并得以具体化。建筑的进深被限制在最小的范围以获得尽可能大的花园面积，朝向街道和花园的南北立面大面积的装上了玻璃窗以获得光线与景观视野，建筑的立面反映空间内部安排的复杂性，从剖面的演变图中可以看出任何一个部分都没有超越另一部分的优势。从地板面积上来看，一个单元是另外一个的三分之二，但是两个单元都有近似的起居空间和通向花园的同等出口。在主要的组织结构上，两个单元是一致的，都有一段整齐的直楼梯把各层连接起来，大一点的单元强调空间的水平性，小一点的单元首层的厨房和三层的起居室被一个狭窄的两层半空间连接在一起。极端的要求和极端的处理手法，超越大众化的设计是设计获得成功的关键。图2-3为MVRDV设计的双重住宅。

图2-3(1)

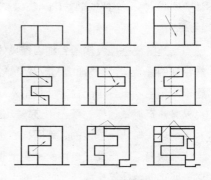

图2-3(2) （引自《实验性住宅》[英]尼古拉斯·波普编著，中国轻工业出版社）

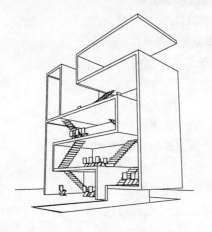

图2-3(3) （引自《实验性住宅》[英]尼古拉斯·波普编著，中国轻工业出版社）

图2-3(4)

13

● 建筑的场地性

建筑区别于其他艺术最为明显的特征是它的场地性。场地(PLACE)的特征不仅包括了地形等自然地理因素，还有历史人文因素。爱因斯坦把地点(PLACE)界定为"地球表面一小块地方，由名称代表，具有某种物质对象的次序"，这定义涵盖物理存在、名称、词序三个要素。建筑学对地点因素的研究集中在场地独特的精神内涵上，诺伯格·舒尔茨在《场所精神》一书中指出：建筑的实质目的是探索和最终找寻场所精神，在地点上建造出与之相符的构造来。建筑的意义不仅要重视场地的物质属性，也要重视场地的文化与精神的作用，这就是场所精神的核心，是一个地点创造(PLACE—MAKING)的过程，是一种通过建筑与环境建立关系的态度。

当建筑使基地及周围各种因素具体地凝聚成一个场所，将有关地方特性的线索，收集整理编制成视觉焦点，建构出了新的真实的时候，建筑的角色就不只是配合，而是引入新的元素转化既有基地的特点，也只有建筑能做这样的事：创造场所，赋予城市活力与新生的意象，对当地居民与从未去过的人都同样有影响力。就像天安门至于北京，埃菲尔铁塔至于巴黎，自由女神像至于纽约，悉尼歌剧院至于悉尼。这些城市的地标建筑构成了城市的丰富境象，建筑师一直并还将不断地创造着新的建筑地标。

安藤忠雄认为："一件作品对环境的影响力由两方面因素决定，一是建筑师对环境理解的深刻程度，二是建筑师对批判精神的表达力度。也就是说，是由建筑师的构想以及作为构想基础的建筑理念的说服力决定的"。

糟糕的建筑物在基地上像个外来的、多余又不恰当的添加物，无关痛痒地悄悄融入周遭环境。而对哈迪德来说，与其说是环境决定了建筑元素的生成，不如说是她的主观决定了建筑的一切，所有的建筑元素只不过是哈迪德进行空间游戏的工具，其建筑物本质是和周围环境对立的。她在设计北京SOHO物流港项目的时候，回答记者有关建筑与环境关系的提问，"如果旁边是一堆屎，我为什么要与它和谐？"这是她的答案，表明对待环境一个偏激的态度。然而建筑是没有办法撇开环境独立存在的，可以不在形式语言上找到关系，但还可以从其他方面找到。

一般来讲，对于基地情况的分析可以从以下的方面入手，来找到设计的限制与对策：

1. 建筑与城市规划限制：诸如基地退红线要求、建筑限高、建筑造型风格规定等。

2．建筑与文化历史传统：对于当地建筑文化传统的了解，确定设计应对决策。

3．建筑与基地形状：可能以此为出发，获得建筑的图形，设计的母体。

4．建筑与交通流线：根据周围道路确定基地的入口位置和建筑形体主要表现方位。

5．建筑与坡度：应对不同的坡度角度，采取不同的设计策略。

6．建筑与视线：考虑景观与隐私，以此为依据确定开窗的方向。

7．建筑与朝向：根据日照分析，决定建筑趋光与遮阳的策略，确定屋子的朝向与房间布局。

8．建筑与防噪：根据噪声源的位置，采取防噪措施，用不重要的房间或用植物阻隔。

9．建筑与通风：根据季节风的方向与强度，采取通风处理方式。

10．建筑与植被：确定基地上植物的取舍，使之成为景观中心或屏障。

对于安藤来讲，"所谓环境，也就是包括历史与场所特征所代表的不可见价值在内的一切关系的总和"，安藤在日本大阪设计的混凝土的"住吉的长屋"是置换三幢连排木构长屋的中间一幢，基地非常狭窄，建筑面积只有 60m²。一方面新建筑不能影响紧邻两幢木屋的结构，又要使内部空间尽可能的大。在创造这个有极度限制的空间过程中，安藤领悟到了这种近乎极端的条件下存在的一种丰富性，以及与日常生活有关的一种限制性的尺度。建筑平面分成了三等份，中央是庭院。它提供了一种与自然的接触，是住宅生活的中心，现代城市生活呼应风、光、雨等自然因素的一种装置。从天空渗入庭院里的光线，在墙和地上投下了深深的阴影。安藤探索场地的物质属性与意义内涵的手段是将场地几何化，使之有序。他认为"建筑之所以成为建筑，有三点必不可少，第一是场所，这是建筑存在的前提；第二是纯粹的几何学，·这是支撑建筑的骨骼和基体；第三就是自然，非原生的自然，而是人工化的自然"。图2-4为安藤忠雄设计的住吉长屋（引自韩国 C3TOPIC 期刊《NEW WORLD ARCHITECT——DADAO ANDO》）。

图 2—4(1)

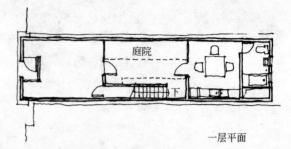

庭院

下

一层平面

图 2—4(3)

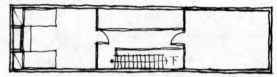

下

二层平面

图 2—4(4)

图 2—4(5)

图 2—4(2)

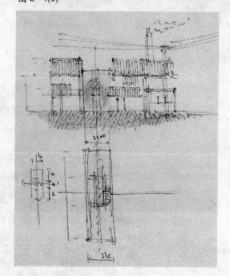

图 2—4(6)

　　瑞士建筑师博塔设计的位于里瓦尔圣维塔尔的住宅，坐落在圣焦尔焦峰山脚下的卢加诺湖滨。设计旨在确立适应当地景观条件的一种地方样式，方正的建筑体型与湖对岸古典教堂相呼应，一座吊桥从街道直接连接别墅的上层，建筑是一个以10m×10m正方形为平面的塔，博塔以塔和桥强调了别墅与环境的区别，不仅从内部也从外部感受到了山的地形。图2—5为马里奥·博塔设计的别墅（引自《别墅建筑设计》天津大学，邹颖等编著，中国建筑工业出版社）。

图 2—5(1)

图 2—5(2)

四层

图 2—5(3)

三层平面

图 2—5(4)

一层平面

图 2—5(6)

二层平面

图 2—5(5)

地下层平面

图 2—5(7)

剖面

图 2—5(8)

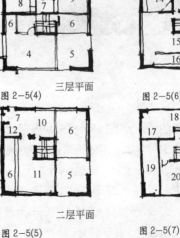

1. 入口小桥　2. 门厅　3. 书房　4. 露台　5. 露台上空　6. 上空　7. 更衣室　8. 浴室　9. 主卧　10. 展室　11. 儿童卧室　12. 淋浴室　13. 起居室　14. 壁炉　15. 餐厅　16. 厨房　17. 锅炉房　18. 洗衣房　19. 储油罐　20. 储藏室　21. 外廊

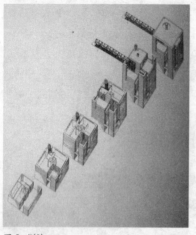

图 2-5(9)

图 2-5(10)

图 2-5(11)

同样迈耶在处理道格拉斯住宅时采用了相似的手法解决建筑与基地的关系。别墅坐落在一片向密歇根湖倾斜的陡峭而又孤立的坡地上，周围是浓密的针叶松林，这座5层的别墅的入口设在顶层，通过小桥进入。从湖中看去，别墅万绿丛中一点白，大面积的玻璃反射着天光云影，阳光下的别墅适时表现动态的光影。图2-6为里查德·迈耶设计的道格拉斯住宅（引自《当代世界建筑》刘丛红等译，机械工业出版社）。

图 2-6(1)

1. 餐厅
2. 厨房
3. 客房
4. 露台
5. 起居室
6. 主卧室
7. 上空
8. 卧室
9. 入口

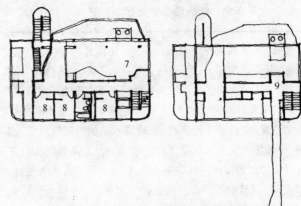

三层平面　　　　　　四层(入口层)平面

图 2—6(2)　　　　　　图 2—6(3)

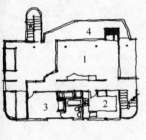

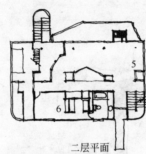

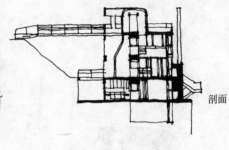

一层平面　　　　　　二层平面　　　　　　剖面

图 2—6(4)　　　　　图 2—6(5)　　　　　图 2—6(6)

图 2—6(7)　　　　　　　　　图 2—6(8)

贝聿铭在设计华盛顿美术馆东馆的时候，他得到的是一块有着一条直边的梯形用地,于是贝聿铭在梯形里面画了条对角线,形成了两个三角形,大一点的是个等腰三角形,用做艺术馆,小一点的是个直边三角形,用做研究中心,于是一切就这么开始了。这样的图形有着不可辩驳的正确之处,仿佛是那块用地惟一可行的规划。大三角形的宽边成了宽敞的带立柱与过梁的入口,与老的国家美术馆入口相对应,中间相隔一个庭院,地底下连成一片,新建筑入口的中轴线对应老美术馆的中轴线。于是美术馆东馆的设计开了建筑史上三角形建筑的先河,三角形空间眼花缭乱的多种透视效果,适合20世纪的艺术与世界、相对论和立体主义,使我们接触世界的途径不再单一,看待世界的角度变得多元。图2-7为贝聿铭设计的美国华盛顿国家美术馆东馆（引自《建筑设计丛书-博物馆建筑设计》邹瑚莹等编著,中国建筑工业出版社）。

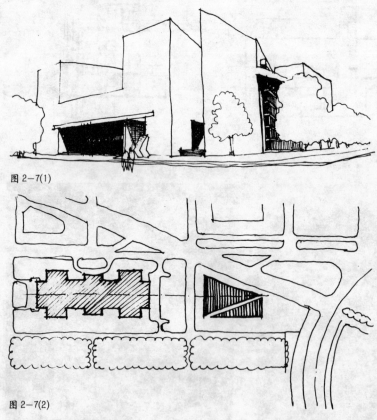

图 2-7(1)

图 2-7(2)

● 建筑的时空性

建筑艺术真正的核心是"空间",各种艺术唯有建筑能赋予空间完全的价值,绘画可以描绘空间,诗歌可以让人对空间有所想像,音乐常常被类比为建筑空间，但只有建筑与空间直接打交道，它以空间为媒介，并把人摆到了其间。空间给人以美感，空间可以控制人们的情绪，就像雕塑家用泥土、作曲家用音符，建筑师用空间来造型，同时满足建筑的功用。建筑师是以空间为素材加以编排和组织的专家。

现代空间的概念是指空间通过运用限定的要素在大的空间里进行分隔生成的。所谓的限定要素就是构成建筑的墙面、地面、楼板、顶棚、柱子、梁架等构件。如何认识和运用空间的限定要素一定程度上决定了空间的品质。在经历了一种视觉观念的转变之后，现代建筑改变了从空间容积的角度来观察空间。空间容积是对空间本身的几何特性的关注；空间限定则是对构成空间的围合构件的关注，这也是古典建筑与现代建筑在空间观念上的基本区别。空间限定常采用的方法有围合、设立、覆盖、突起、凹进、架高或以色彩机理的变化来限定。

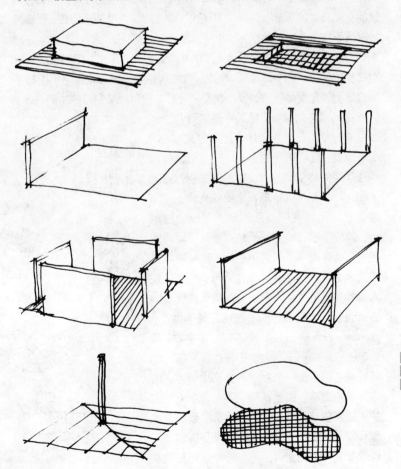

21

图2—8

对于建筑的感知，即使是最强有力的影像也不可能捕捉建筑的全部。人的眼睛可以先扫描全景，然后聚焦感知某个细节，人选择感知的界限不断的扩张，又不断的集中。所有的感知都来源于建筑设计所创造的空与实，而文字说明和图片只是一种设计的解释与理解的路径，甚至是一堆谎言。只有你亲临现场，才能用自己的脚和眼来验证建筑的全部，尤其是建筑的空间序列。

建筑空间不是视觉的焦点，是视觉发生的过程、活动发生的载体与媒介，所以它不能被轻易地固定，这也正是建筑意欲有所作为的地方。当人物、时间与空间之间重新结合到一起时，建筑就从半空落到了实处，获得了广阔的施展余地。可能是若干的事件构成了我们对空间的记忆，于是建筑流线的组织表达了不同功能内容的组织构成，帮助阅读理解建筑。一个序列的过程代表了一种建筑的体验。任何建筑物中都存在不同等级的流线，它可以用来理清功能平面，使人流活动构成呈现树状结构。流线的空间节点与所营造的参照物使使用者在建筑内部能够定位。楼梯与坡道既承担垂直交通的功能，也可以成为形式表达的手段，更富动态与表现力的楼梯形式，常常成为空间的焦点。在平面图上，不同楼层的双跑楼梯使用同一个平面位置；单跑和直跑楼梯则位于每个楼层不同的平面位置上；宽度足够的时候，楼梯平台可以承担社交空间的功能。

空间顺序的组织，就是在连续运动的过程中有计划的让使用者体会空间的变化、起伏与节奏。性质不同的空间之间的组合关系构成了空间体系的特点。空间系统以点（院子和大厅）和线（走廊）来组织交通：空间放射状地围绕在中心点周围，可以通过组合，形成多核心式空间系统；空间可以用线连接，线可以穿过和切过空间，线可以是直线或是曲线，线之间可以是平行、相交，还可以构成网络。空间系统可以用点线结合的方式组合。传统上空间形态以几何体为主：立方体、长方体、圆拱、圆柱体、金字塔、晶体等。空间的形态、大小还有数目要与人的活动相匹配，每一个空间尺寸必须确定，由平面决定面积，由剖面决定高度。空间使用的人数和使用的状况，家具设备的数量与类型和尺寸、室内交通的流量等等是决定空间形状与尺寸的因素，人的生理知觉和心理需求是另外的因素。

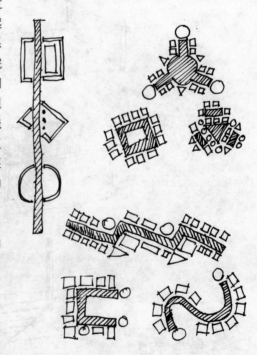

图 2-9

尺度是空间的性质，分亲密尺度、一般尺度、纪念性尺度和震撼性尺度。人的活动性质决定有些活动可以安排在同一空间，而有些要分离至不同个性的空间。空间分静态与动态，静态空间稳定而封闭，动态空间具有方向感与流动性和高度中介性。主次空间体现的是对比与对立，重复与再现的关系；流动空间表达的是渗透与层次；过渡空间表现的是衔接与过渡，引导与暗示。不规则空间形态应与规则形态相分离，空间边界的弹性方便空间使用的多变（图2-10）。

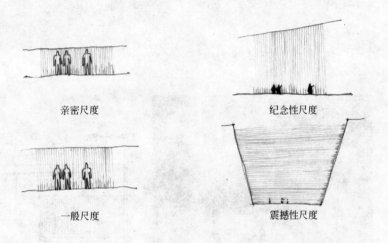

亲密尺度　　　　　　　　　　纪念性尺度

一般尺度　　　　　　　　　　震撼性尺度

图2-10

密斯在设计巴塞罗那德国馆的时候，采用水平(屋面板)和垂直(墙面)的两种平面，然后将它们以叠合的方式并置在一起，从而扩大所限定空间的界限，采用孤立的支柱元素以及用于扩展空间的不反光和透明的玻璃，从而设计一个完全由建筑师控制的方案。在这个建筑中"工业和技术与思想和文化协同发挥作用"(密斯，1928年)，它所表达出来的流动空间的概念、精准的设计手法，以及在材料和技术上的突破，使之成为现代建筑的象征。通透性成为了一种和设计相关的思维方式与哲学。密斯认为"上帝在细节中"，密斯式的建筑严格遵守纯几何学的优雅规则，多一分则多，少一分则少，连最细微的地方也不放过。德国馆采用高贵庄重的建筑材料：罗马的凝灰石用于基座和浅色墙面，绿色的大理石用于雕塑和水池处的墙面，墨绿和灰色玻璃作为隔断，棕色条纹大理石用于正厅的独立式屏风墙。图2-11为密斯·凡·德罗设计的巴塞罗那德国馆。

23

图 2-11(1)

图 2-11(2)

图 2-11(3)

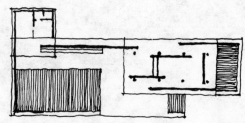

图 2-11(4)

● 建筑的技术表达

建筑材料、结构形式、建造方式、细节的处理可以构成建筑外观的特征:

1. 砌体建筑: Rafael Moneo 国立古罗马艺术博物馆, 西班牙, 梅里达

在古罗马帝国, 梅里达是帝国在西班牙的重要城市之一, 博物馆采用整体式砌筑的建造方式, 形式简单, 暗色的砖墙外观和采光良好又富有情调的室内达到了异乎寻常的统一, 有着颇具文化意义的陵墓般气质。作品位于古罗马遗址的一角, 没有刻意模仿但极具"古罗马"风, 建筑同时具有现代博物馆的坚实感。滤过的光线通过不引人注目的天窗射入室内, 在古罗马式样的平坦砖墙的衬托下, 显示出大理石雕像的细微差别 (图 2-12)。

图 2-12(1)

图 2-12(2)

2. 混凝土建筑：勒·柯布西耶，朗香教堂，法国，贝桑松

粗制混凝土饰面，其象征性、可塑造型、形式和功能、构造和技术堪称前所未有、独一无二，方盒子被破除，尽管这座建筑仍受到"模数系统"规律的控制，但已背离了柯布所有以前的设计。勒·柯布西耶极其虔诚的投入工作，宣称，他要创造一个肃静、祈祷、平和与精神愉悦的场所。作品效果取决于弯曲的表面、朴素的白色、厚实的墙体这三者与室内门窗洞口的彩色光斑间的相互作用。硕大的屋顶突出于倾斜的墙体之外，曲线型的高塔使光线集中射入幽暗的室内 (图 2-13)。

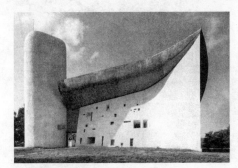

图 2-13(1)

图 2-13(2)

图 2-13(3)

图 2-13(4)

25

3. 钢结构建筑：Cepezed.B.V. 半独立住宅，荷兰，代尔夫特

作为一种新型住宅，采用钢框架结构，具有结构简单和经济的特点。整个建筑是由两栋建筑相邻而建，左右两半结构独立，每组结构有八根圆管柱按纵向间距3.77m和横向间距6.53m排列，在建筑的每层高度上，采用钢梁将柱子沿对角线连接，建筑中心位置布置了辅助房间和服务设施，沿对角线走向布局。此结构设计易于现场的安装，包括预制装配式的立面金属构件、铝制型板、装配式玻璃等。见图2-14（引自《钢结构手册》舒立茨·索被克·哈伯曼著，大连理工大学出版社）。

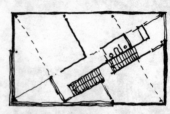

三层平面

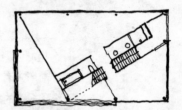

二层平面

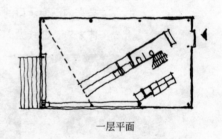

一层平面

图2-14(1)

图2-14(2)

4. 砌体与玻璃建筑：Heinz Bienefeld，建筑师自宅，德国，布吕尔

建筑师相信"表面的影响是建筑的一部分"，建筑师自宅的精细细部确实给人留下深刻印象：全玻璃的东面墙，与屋顶一起，看上去把大型的阶梯状的砌块遮盖和封闭起来，大而开敞的直升到屋顶的钢结构玻璃大厅和相对较小、房间被分隔开的砌体结构部分相互比邻，在尺度上形成对比，从内而外形式与空间的快速变化、暴露结构的外观影响了人们的感受。住宅两个纵向标高显示了不同的特性：西南立面厚重的砌体墙上的开口尺寸仅有很小的不同，东北立面轻盈的玻璃表面支撑着看上去很重的黏土瓦大屋顶。见图2-15（引自《砌体结构手册》普法伊费尔、拉姆克、阿赫茨格、齐尔希著，大连理工大学出版社）。

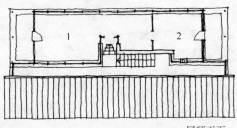

屋顶平面

图 2—15(1)

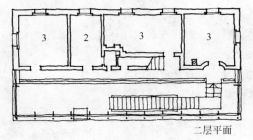

二层平面

图 2—15(2)

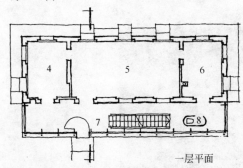

一层平面

图 2—15(3)

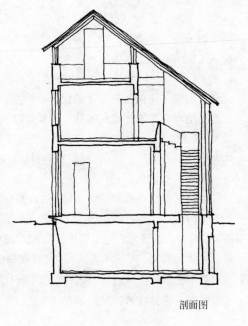

剖面图

图 2—15(4)

1. 主卧室　2. 浴室　3. 儿童卧室　4. 厨房
5. 起居室　6. 书房　7. 门厅　8. 卫生间

图 2—15(5)

图 2—15(6)

27

5. 实验建筑：F.O.B.联盟，气氛住宅，日本，东京

　　由于东京土地的价格很高，建筑完全没有外部的私人空间。两个现场浇筑的混凝土侧墙形状尺寸完全一致，但其中一个水平反转过来以便于在两墙之间创造出鞍状的几何形。在屋顶，八个圆柱状的混凝土柱子提供了结构上的支撑装置。这个住宅没有使用隔热材料，住宅的外壳由半透明的伸出式玻璃纤维单层膜构成。白天，它可以靠自然采光，晚上使用自己内部的灯光，光线把居住者的侧影投射在帆布上。作为都市流浪者的避难所，气氛住宅对标准的生活方式提出疑问的假设，从而再次限定了住所的功能——住宅中有一个狭窄的厨房，其内部只能容纳两个水槽和一个冰箱，浴室在住宅中是不具备的。这种住宅的使用者经常很早就出门，直到深夜才回家。这些人经常在餐馆吃饭，在公共浴室洗澡。住宅的内部空间仅由地板区分，并不暗示任何特别的使用形式。内部没有隔墙，但在楼梯的位置可以在必要的情况下用卷帘把想要隐藏的地方遮住。见图2-16(引自《实验性住宅》[英]尼古拉斯·波普编著，中国轻工业出版社)。

图2-16(1)

图 2-16(2)

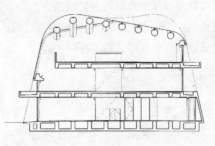

图 2-16(3)

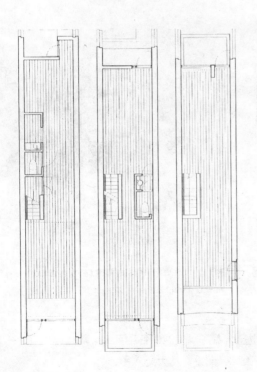

图 2-16(4)

图 2-16(5)

第三章　建筑设计入门

方案设计就是在建筑设计的开始阶段,我们对总体环境的协调、功能空间的组合、结构形式的选择、材料与施工方式的确定、建筑造型的创作等诸因素进行分析与综合后,所做的建筑形态构成的初步设计。

● 草图与草模

草图的过程既是设计表达的一部分,也是设计构思的一个内容,不断生成的草图还会对构思产生刺激。开始的时候,运用图解分析,如泡泡图、系统图等来理清功能空间的关系,随后运用二维的平面草图与剖面草图来初步构思方案的内部功能与空间形象。由想像得到的形象是不稳定和易变的,只有将它视觉化的记录下来,才能实现真正的形象化。

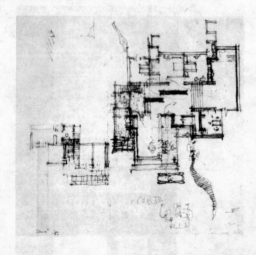

图3-1 阿尔法·阿尔托的草图(引自《建筑构思—建筑绘图分析》莱恩·福塞·罗德·亨米编著,机械工业出版社)

图3-2 STEVEN HOLL的草图(引自韩国C3TOPIC期刊《NEW WORLD ARCHITECT——STEVEN HOL L》)

草图在视觉上是潦草和粗略的,但其中蕴含着可以发展的各种可能,利用软铅笔的相对模糊的线条可以忽略细节,使设计从大局入手,快速的定下一些大的方面;同时不至于抹杀某些不明确和不肯定的可能,允许不确定因素的存在。

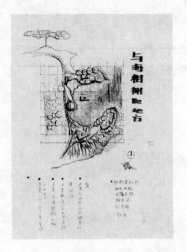

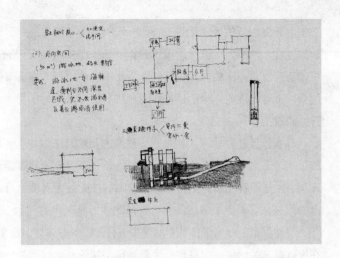

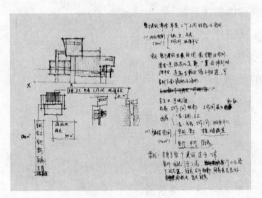

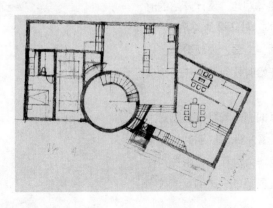

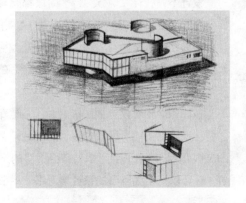

31

图3-3　杨剑雷的草图(2004年别墅设计课题)

利用草图纸的半透明性，一张一张的草图纸蒙在前一张草图上勾画的过程，就成为对设计发展的甄别、选择、排除和肯定的过程，既保留已经肯定下来的内容，又可以看出设计的进程，提高草图设计的效率，也可以避免同学们过早纠缠于细节而影响整体的思考，这才是开始阶段的重点。

随着设计过程的深入，肯定与精度的要求越来越高，运用硬一些的铅笔才有必要。显而易见，画草图的能力很明显的可以促进设计的进程，也是最容易掌握的方法。画草图的技能很大程度上可以促成概念的形成，培养徒手的轴测和透视草图能力是有用的。

利用模型可以更直接的帮助学生进行三维的整体建筑形象的构思。在设计的初始阶段，先制作一个基地模型用于基地状况的分析，便于建立方案与基地环境的直观感受，在经过二维草图分析之后做一个体量模型，进一步推敲内部的流线组织，以确定建筑形体与体量关系，也称为草模，可用泡沫塑料或KT展板，也可用卡纸等便于加工的材料。

在开始的时候按比例绘制基地或制作基地模型，和按比例做出方案构思是必需的，设计的构思只有在一定的比例下才能被〝检验〞。只有这样，成比例设计的基地构思与建筑主体，才能验证基本设计决策的正确性和基地与方案间是否根本上协调一致。所有的房间要在同一个比例下才能探讨彼此之间的相互关系。随着设计的进展，图纸的比例越来越大，以解决程度越来越深的问题。如赖特所言〝比例本身没什么，只是一个和环境的关系，室内外每一件东西都受到它的影响〞。

设计不论在什么时候、什么阶段都要有整体观念：设计开始的时候要有大的定位，如建筑坐落的位置，主要朝向，与环境的关系等，设计由粗到细，从整体到局部，逐步展开。平面、立面、外观造型、内部空间要平行推进，不可孤军深入，避免在开始时就纠缠于一些细枝末节。

按比例确定了设计的图形之后，主要节点的细部就可以按照更大比例推敲以尽可能早地增加设计意图的丰富形象。保留早期的构思草图是很有用的，有必要可以对曾经否决的方案作为过程重新审视和评价，这可以积累成自己的设计参考书，特别是要记录下比例尺、数字与日期。

● **基地踏勘**

要了解基地及其潜力是先于设计工作的分析程序，一些明显的基地特征，如地形的轮廓和坡度、气候条件、山或水的背景要素、周围建筑的体量与造型特点等等会激发建筑师的创造力，而场地本身所传达的场地的感觉对于设计是极其重要的一个着手路径。因此必须对基地的区位、背景、社会结构、场地肌理、日照与风向、周围建筑的造型与材质、环境空间的意象，对使用人群和使用特点要有所了解，以此确定你所介入基地的建筑的形式与密度。

通过观察、测绘、调查询问、勾画基地草图，或从基地模型开始，来实现设计与环境对话。看一看基地的地形是否暗示着某种使用格局；基地的植被保护对基地分区与建筑布局的影响；建筑物是要构筑自身的景观还是保持基地所拥有的景观（比如水面与山景）；怎样到达基地；怎样组织基地的交通；基地的入口与外围道路怎样交接；依据什么确定建筑物在基地中的位置。

在2004年的别墅设计课程中，有的教学小组规定使用"长城脚下公社项目"中张永和的"二分宅"的基地，结合教学参观，进行现场基地踏勘，建立直观印象。在教师提供的基地图纸的基础上，设计从制作基地模型开始。场地的特征很好的激发了学生的创作热情。

在2003年的课程中，课题是选择中央美院教学主楼(5号楼)四个内庭院中的一个为基地，设计建筑面积250m²左右的1~2层的教师活动中心。建筑不能影响原有的交通组织和教学主楼的通风采光，考虑与周围建筑与环境的关系，考虑餐饮、交流、展示、服务、厕所、库房、管理等功能的安排。在给出总平面图的基础上，同学们通过现场踏勘和测绘，对基地作出选择与评估。要求首先制作比例基地模型，以此作为设计的限制，开始课程设计。中期方案雏形，要求将草模和现场照片合成，评估设计策略与结果 (图 3-4)。

现场踏勘找出基地的限制，以感性与理性的手段，面对不完美基地的限制，找到房子与环境的恰当关系，建立建筑与环境关系的应对策略。比如在噪声源和需要安静的活动区之间，安排像储藏室之类的非活动性空间；建筑物的安排围绕所需保留的植被，是基地原有的植被，或成为景观中心，或成为天然屏障；根据基地周围的道路状况，确定进入建筑的机动车道，并在入口处形成装卸运送区；分析基地景观，安排合适的建筑空间与视野方向；根据太阳运行轨迹和风向，确定主要空间的布局与开口；分析与相邻建筑的关系，尽量减少彼此之间的

图3-4 2003年教师活动中心设计课程中期成果

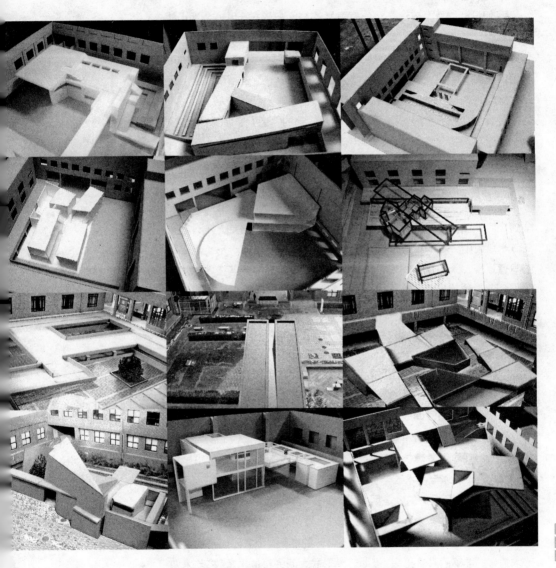

干扰。起始的基地踏勘并不需要一个完整的答案，它们将在设计过程中与其他结论一起被重新评估并作出调整。

● 建筑的立意

我们设计的目标应该是创作有意义的空间与形式，用一个真正能打动你自己的东西把功能和流线组织起来，然后是投入最多的精力创作建筑有意义的内核。有用而且有意义，是建筑区别于其他艺术的地方。日本建筑师安藤忠雄对于"什么是真正的建筑"的解释是：当建筑的实用功能已逝，还吸引着人们千里迢迢前去瞻仰的废墟。

设计者在分析了所有条件之后，会对设计的主题有个基本的概念，这个概念不一定会导致设计将采用何种形式，重要的是它表达了设计背后的理念，使设计有方向、有原则、有组织，并且排除可能的变量，概念可以通过很多的形式来表达呈现：图表、图形、文字等。

设计是个思考的过程，建筑创作的过程常常被描绘成灵光一闪的继续，似乎只有少数的有天分的人享受那稍纵即逝的感觉，并随之引向越来越清晰、越来越肯定的结果，如何得到那期待的一刻，是徒劳的等待还是上天的意外赐福？是完全靠悟性，还是有一些方法？

创造力依赖于打开视野的能力，超越专业领域的限制，在其他的学科背景之下看待事物的智慧，于是扩大兴趣的范围，去看更多的东西，去深入其他的方面，唤醒学生们的热情、感受力和好奇心，促使他们更多的提问题、经历更多的世界，学建筑的学生应该比其他的学科的学生更早的打开精神空间，以探索未知的、新鲜的、专业之外的事物，并将它们引入建筑的世界。教师应该不要用教条去伤害学生的心灵，代之以给与时间令他们去接受挑战。

生活中的所见所闻对于建筑师是很重要的，哪怕任何他没有亲身体验的，但却有很多想像的东西，建筑师必须重视他所偶遇的每个情形。优秀的建筑师与艺术家一样应具有对周围世界独特的感受力，"在我的整个生命中所要做的就是尽力保持像少年时期一样的开放性思维——虽然在当时我并不需要努力的去做到"，这是毕加索对其后来生活的注解。对每时每刻接触、观看、聆听、体味的感受，都可以通过视觉的艺术的方式准确的表达出来，借助艺术形式之间的移位思考，将艺术知觉的过程抽象化和空间化，也就可以成为建筑设计的一种手段。

意在笔先，建筑的意境是创作的出发点与核心理念。建筑的意义可以来之于文学的隐喻，建筑的意义可以来之于观赏绘画时候的联想，建筑的意义可以来自于聆听音乐时候的遐思，来自于春花雪月、夏雨秋风。

"我画出对建筑的所见所闻，这是一种复活的形象。它根植于死魂灵之土，向着光明攀爬。他振作精神，奋力向上。从富饶的东方，他不断的跳跃，露出耀眼的红日。蝴蝶树的种子从中迸发出来，萌发新芽，越长越高，远离大地……然后他回归于我，在我身边重新聚合，在我工作的地方，伴我沉思和感恩。我这样希冀着"，——比利时建筑师Jacques Gillet（图3-5）。

图3-5(1) Jacques Gillet 的草图

图3-5(2)/(3) Jacques Gillet 设计的比利时乌赞实验性永久雕塑建筑工场钢制上部结构（引自《新有机建筑》(英)戴维·皮尔逊编著、董卫等译，百通集团／江苏科学出版社）

设计的基础建立在创作的欲望之上,对于将出现的新作品的向往和憧憬,会引导学生们的整个设计过程。一些教学小组在课程开始的时候请学生借助文学、音乐、绘画、动漫、电影等其他艺术形式,来表达最初的设计冲动与灵感,以弥补开始的建筑语汇的缺少,作为第一次建筑设计的设计构思训练,这也是一种培养专业兴趣、激发创作热情的新的设计方法训练的尝试,以此激发同学们的建筑创作的热情和创造力。

陈苑苑以独特的角度开始工作,她选择盲人推拿师作为业主,为此作了非常仔细的调查研究。针对盲人的生存状态,获得了许多实在的设计依据:"如果你发现自己突然身处黑暗中,暂时看不到东西,第一感觉可能是恐惧。很快我们其他的感觉便接通,触觉、听觉、嗅觉、地面坚固不坚固、墙面粗糙不粗糙。没有眼睛的指导,世界就会变成一个随感觉而离奇丰富的地方。盲人更需要人性化的住宅,同样需要亲近大自然,感受季节交替的自然变化的魅力。建筑要最大限度的满足其日常生活与精神生活上的要求,使其生活舒适方便。同时能让他们是正常人的亲朋好友,感受他们的痛苦与愉悦。内省和自我应该是这个建筑主题的特征,陈苑苑以如下的诗与画开始了课程设计:

我是我所在的空间

图 3-6(1)

闯入多雾的孤独身陷泥潭进退两难
谁在远处窃窃私语

图 3-6(2)

没有手的触摸,一切都不存在

图 3-6(3)

他们不知道我心中偷藏了一束微笑的光芒

如今我已不再置身事外

一切的色彩借以化入

声音和气味

且如曲调般绝美的鸣响

我何必需要书本呢

风翻动树叶

我知晓他们的话题

并时而柔声复颂

而那将眼睛如花朵般摘下的死亡

将无法企及我的双眸

RAINER MARIA RILKE（一个盲人妇女）

（图 3-6）

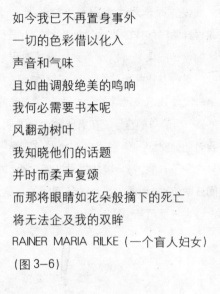

图 3-6(4)

图 3-6(5)

图 3-6(6)

图 3-6 2004 年别墅设计：学生：陈苑苑，指导教师：傅祎

(1)/(2)/(3)/(4)最初的创意：诗与画

(5)/(6)最终结果

"一个让人心情平静的地方，一个流水般宁静的地方，一个诗情画意的地方，一个可以休息的地方，或是可以思考的地方，默默的，淡淡的。"——这是李葱对她设计的注解。比较李葱在课程开始时所作的表达设计构思的小画和她最终的设计成果，可以感受到她设计过程所保持的一贯性及作品所体现的精神气质，这在一个第一次作建筑设计课题的学生来说是难能可贵的。一个简单的盒子，在需要透明处透明，在需要封闭处封闭，架空建在基地上，安静平和的呆在院子一隅，对环境的扰动非常之小。内部空间开敞流动，地面的高差区分空间的功能。整体设计大气而简洁 (图3-7)。

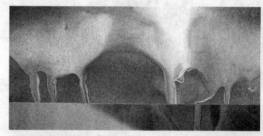

在海上曾有一个夜色迷离的城市，你是黑暗中的明灯，或就是你，你就是我。
昏暗中一抹光芒悄悄射来，你的美使人无法不去亲近，如果太多情可以向你吐露。
你给人们如流水一般，一层一层。
天空向我敞开，或的压力或的存在你带走，你的宁静使我愉悦。
或曾经在眼中看到天堂，你就是那天堂，是人尽情的地方。

建筑 李葱

(1) 最初的创意：诗与画

(2) 中期成果

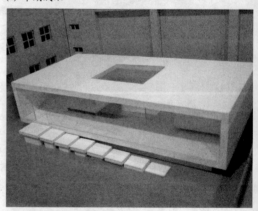

(3) 最终结果

图3-7 2003年教师活动中心设计：学生：李葱，指导教师：傅祎

栗子雯的设计方案表现出设计手法的娴熟,并且在她最终的设计成果中能找寻到最初设计构思小画中绘画语言的痕迹,也是她作品形式语言的主要特征——平向和垂直向的"倾斜"。而她作品最精彩之处在于其设计与环境水乳交融整体感,将环境中的二层平台与设计的建筑物的屋顶连成一体,对现有空间的人流组织提出了自己的看法,很好印证了她辩证的设计观点——从环境出发,考虑场地的限制性并充分发挥其可利用性(图3-8)。

(1) 最初的创意:诗与画

图3-8 2003年教师活动中心设计:学生:栗子雯,指导教师:张宝玮

(2) 最终成果

● 确定任务书

建筑设计是一个运用视觉工具解决问题的复杂过程，建筑艺术不同于其他的视觉艺术，建筑作品中的文化内涵和美学特质，并不是一种客观存在，建筑作为一种文化现象，对其的理解与认识必然直接受到价值观念的影响，而价值观念因时代、地区、民族、社会的不同而不同。所以设计作品的成功与否，意味着对使用者价值观念的认同。建筑的成就是依赖于被承认的成就，一种在日常生活中的美的体验，一种让公众理解的建筑表达。

建筑设计就像是带脚镣的舞蹈，是在包括经济、技术、社会、文化、环境、人性化等等限制底下寻找最佳题解的过程，建筑设计应该变约束为创意。建筑师如同剧作家，是为人们的生活安排作计划的人；如同导演，但演员是普通人，建筑师要熟知他们天生的演技，否则演出会失败。优秀建筑的明证之一就是它能按照建筑师的原设计得到利用。

爱因斯坦精辟的指出："提出问题比解决问题更重要，因为后者仅仅是方法和实验的过程，而指出问题则找到了问题的关键与要点"不同的问题重点，不同的切入点，会导致不同的设计，也会导致不同的评价。建筑设计的创新就在于发现、分析和理清问题，抓住主要问题的主要矛盾，以便发现建筑的各大系统（功能的、环境的、几何的、空间的、结构的）的新元素、新性质和新的组合原则，以此获得建筑设计的原创和方案特点形成的源泉。

在课程中要求同学们寻找自己为此服务的业主，通过交流沟通，获得"业主"背景材料，了解他的职业特点、生活方式、审美取向和价值观念，从而确定每个同学自己的设计任务书。对于功能，同学要培养训练的是研究的能力，解决各种矛盾的能力。这个方法是一种建筑师的职业训练，训练设计的前期规划和沟通表达的能力。我们要表达一种思想，同时要别人理解。不同的居住方式，会带来变化多样，多姿多彩的建筑形式。我们要尊重服务对象的生活理想，并以建筑师的专业立场与此相协调。有些同学的设计或者严格的以此为依据，或者采取说服沟通的办法，与业主达成一致。

以下是 2004 年别墅设计课王斌同学与"业主"的交流记录：

小猫 16:22:56

在阿 怎么了

军医哥 16:22:03

就是我们有个作业

军医哥 16:22:12

要设计别墅！

军医哥 16:22:30

要找个业主

军医哥 16:22:57

问问他有什么要求

小猫 16:24:42

哈哈 你觉得我有别墅？？

军医哥 16:23:04

虚拟业主

军医哥 16:23:18

所以你可以说说你的想法

军医哥 16:23:22

你的要求

小猫 16:25:07

奥 什么样的别墅

军医哥 16:23:45

就是我想在青岛八大关海边

军医哥 16:23:53

找块地皮

军医哥 16:24:15

你就想想 如果那块地是你的

小猫 16:26:09

奥 那么防潮最重要

军医哥 16:24:45

你想盖个别墅！

军医哥！ 16:24:51

要什么样的！

军医哥 16:25:23

先对他的外部形态有个大体的形容！

军医哥 16:26:04

概括一点的 诗情画意一点的！

小猫 16:27:44

这个太难了

我希望他不要太高

二层就好

军医哥 16:26:16

对 就是二层

军医哥 16:26:44

就是对你的理想状态 用诗歌 或散文来表达一下！

小猫 16:29:03

希望有看海的阳台

有蓝色的屋顶

屋顶上有很大的玻璃窗 可以看星星

军医哥 16:27:27

这个对你不困难吧，美女老师☺

军医哥 16:27:50

好

小猫 16:29:34

比较困难 我不是个浪漫的人

43

军医哥 16:28:52
您最喜欢谁的诗?
小猫 16:30:49
我希望客厅的玻璃窗是落地的,迎着晨曦微笑,开始新的一天
军医哥 16:29:25
好 开始进入状态了!
小猫 16:31:07
泰戈尔
军医哥 16:29:49
说来听听吧
小猫 16:32:27
我想有一个狭长的走廊,有点法国宫廷式的浪漫
军医哥 16:31:11
好 面积是250——300平米的!
军医哥 16:31:39
你希望书房有多大啊??
小猫 16:33:36
我想有不同风格的客厅,和休息室,房间不要太大,
温馨是最重要的

军医哥 16:32:56
噢 不同房间不同风格 噢 记住了!
军医哥 16:33:31
那现在这个房子能看见大海 你希望哪个房间要冲海啊??
小猫 16:35:18
书房么.我希望有一个大大大大的书橱,但不要一面墙都是的
那种敞开式的,美式家具我就很喜欢
小猫 16:36:06

我希望我的每个房间都能看见

哈哈
我希望我的别墅有一个奇怪的外形
军医哥 16:35:49
那么在地上抠个洞里面放书这种形式喜欢么?
军医哥 16:35:56
节省空间!
小猫 16:38:55
我都有别墅了 我还要省空间??
我要最保守的书橱
一个真正爱书的 不会选华而不实的东西
对于书没有保护作用
军医哥 16:38:17
噢 是这样啊 那是不是每个房间都要有能放书的东西?
小猫 16:41:19
最好这样
但是不必是都要书橱
可以是个隔板
军医哥 16:40:39
哦 知道了 那书房是不是要古典一点的风格 中式风格
军医哥 16:41:21
但这样可能没有温馨的感觉 但是可能给你一种很清爽的感觉
军医哥 16:41:29
你喜欢怎样呢?
小猫 16:43:37
我不喜欢中式的

军医哥 16:43:06
噢 这样的 喜欢竹子么?
小猫 16:45:49
喜欢 不喜欢放在家里
家里可以放文竹 尤其是在书房里
军医哥 16:44:33
o 小型的!
小猫 16:47:03
恩 我喜欢龟背竹
我要去上课了
军医哥 16:45:33
好 谢谢了 刘老师!
军医哥 16:45:43
真心感谢您的支持!

● **阅读建筑**（图解分析）

作为初学建筑设计的你们，学习前人的经验是必需的，多看书和期刊，学习建筑历史，了解当今建筑潮流。我们面对书上的大师的作品，不能只是用数码相机一张一张的翻拍，那样获得的都是支离破碎的建筑印象，我们要习惯坐下来读一读建筑的背景资料，了解一下建筑师一贯的手法与理念，读平面图、剖面图、立面图……，再比照照片，想像和体验一下大师作品的空间感觉，获得对这一建筑的整体印象。

建筑师屈米曾说过："分析有方法，才能让我们了解设计的过程"。

建筑的艺术涉及复杂的行为、时间与空间的相互作用，设计的过程由解读功能要求、基地条件和文脉关系开始，以形式类型确定设计策略，这一初始的过程在专业领域里发展了一套抽象的图解性的语言：用一系列的符号，来指代和分析某些方面的事及其特性以及彼此之间的关系，以此分类分级，表达动线与流程、变化与演进，以此确定设计的原则。

用图解分析的方法研究建筑，着重是研究建筑如何产生，建筑艺术是如何具体化的，建筑师如何组织功能和空间，运用体量、形状、光影、材料、色彩、肌理以及其表达方式。这个分析工作可以包括：建筑产生的背景、建筑与场地关系、建筑功能组织、交通流线组织、形体特征、空间特点、结构形式、建筑立面与剖面的分析、建筑材料的运用与细部处理等。以此分离出形成建筑的不同层面，并寻找它们之间的关系。对于不同建筑，最终让建筑留存在我们的脑海中，而不是在数码相机的记忆卡里，影响我们今后的建筑设计，形成日后自己的个人风格。图3-9为"但丁纪念馆"建筑分析。

特拉尼的最后一个重要案子，是在罗马为但丁纪念馆Dante Museum和Study Center所作的建筑物。

但丁纪念堂的建设，在当时作为墨索里尼"意大利罗马帝国复兴"计划的重要建设项目，后因二战的爆发而废止，建筑师特拉尼本人被送往苏俄战场，卒于战事。

在这个案子中特拉尼寻求一种既能体现但丁神曲中的三个篇章，又能丰富的描述心中影像的建筑诠释。

但丁纪念馆
TERRAGNI'S DANTEUM

图 3-9(1)A

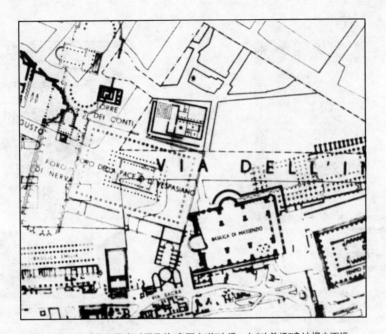

但丁纪念堂设计位置于当时罗马的"帝国大道"边沿，与"斗兽场"遗址相去不远。

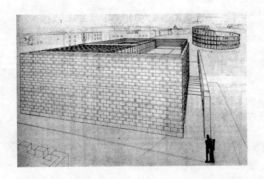

47

图 3—9(1)B

现有状况

特拉尼的但丁纪念馆作为一个方案,一个未
建成的建筑,给我们留下了许多的迷。

我们试图阅读大师的思想。但仅存的几张手
稿是远远不够的。

于是我们阅读但丁,阅读《神曲》,阅读特
拉尼,阅读七人小组,甚至阅读法西斯……
我们一心想按照大师的初衷复原她。但我们
失败了,因为无论我们如何努力,只能尽最
大可能的接近她,却不是她。因为她含有太
多的奥秘与玄机。这也许就是但丁纪念馆如
此有魅力的原因;也是不同的建筑师,不同
的学生,不同的特拉尼迷们做出的但丁纪念
馆各不相同的原因吧……

虽然不同,但对于我们的意义却同样深刻:
当推测的数据与大师吻合时,我们会有思维
同大师的思维交融的感觉,这种欣喜对于热
爱建筑的人来说是无法比拟的……如果十个
数字是一个数列,当我们有九个数字时吻合
的,但那一个惟一的数字便证明前面的推测
都是错的时,我们沮丧,但更体会到了建筑
的深度,虽力不能及但眼里看到了真正建筑
的……

我们没有权利解释大师的手稿,我们只能解
释我们的版本。所以这里只有手稿和心得。

图 3-9(2)A

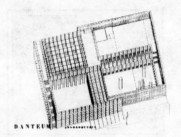

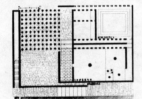

底层平面

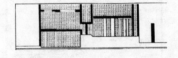

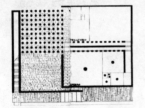

一层平面

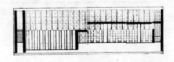

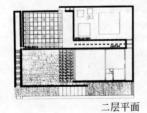

二层平面

49

图 3—9(2)B

但丁纪念馆与《神曲》

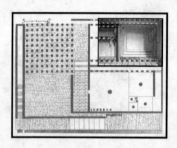

黑森林与下沉空间

《神曲》中，但丁迷失于黑森林，

　　"荒芜的森林，浓密而难行，

　　　甚至想起也会唤醒我的恐惧。"

纪念馆中，一百根密布的柱子组成黑森林，很好的渲染
出黑森林的幽暗与恐惧。

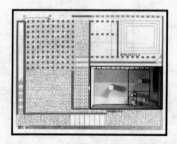

地狱

《神曲》中，地狱为漏斗形：

　　"凶猛的飓风，从不曾停息，

　　　用它的强暴卷起那些灵魂，

　　　旋转而又撞击，折磨着它们。"

七根直径递减的柱子，七块地势渐低的正方体充分地体
现了地狱的状态。

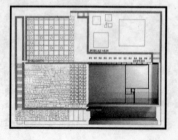

地狱屋顶

　　"地狱和疲晚的黑暗夺走了

　　　每一颗行星，贫瘠的天空下，

　　　就像天被云层遮住时的情形"

屋顶形式跟从室内地面形式——七根直径递减的柱子撑
起的七块地势渐低的正方体。

Danteum-Terragni

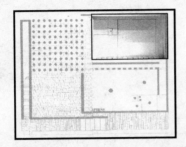

炼狱

《神曲》中，炼狱为七层宝塔状，逐渐接近天堂。

　　"两边石壁是如此狭窄，
　　竟把我们的身子夹紧，
　　足下土地是如此险峻，
　　也要求我们手脚并用。"

七块递升的楼板，就象征了炼狱中的七层山道。

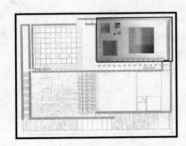

炼狱屋顶

　　"里面渗透了天空宁静的
　　东方蓝宝石的柔和色调，
　　纯净的外观像地平线一样远。"

炼狱屋顶的窗洞跟从地面升起的那七块楼板，大的窗洞不同于地狱，表明了炼狱中的光明。

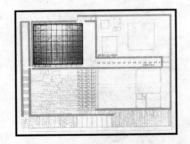

天堂

《神曲》中，但丁由心中的恋人贝亚特丽齐引领最后来到天堂

　　"那朵玫瑰绽放着，向无尽的
　　春天的太阳散发出赞美的芬芳。"

三十三根玻璃柱子来源于天堂的三十三篇，天堂楼板的缝隙也是源于"天堂的圣光普照世间"。

图 3—9(3)B

黄金分割

在已知线段上求作一个点，使该点所分线段的其中一部分是全线段与另一部分的比例中项，这就是黄金分割Golden Section问题。该点所形成的分割通常称为黄金分割。

$$\frac{x}{1} = \frac{1-x}{x}$$

$$x^2 = 1 - x$$

$$x^2 + x - 1 = 0$$

得 $x = \frac{\sqrt{5}-1}{2} \approx 0.618$（取正值）

黄金分割和斐波纳契数列

黄金分割的特殊比例与斐波纳契数列有密切的关系，这组序列是为比萨的达芬奇而命名的，他大约在800年前将这个数列与十进制一起引入欧洲。

这组数列的数字为1，1，2，3，5，8，13，21，34……前两个数字相加得到第三个数。例如，1+1=2，1+2=3，2+3=5等。这个数列的比例的形式非常接近黄金分割的比例体系。这组数列中前面的那些数字开始接近黄金分割，该数列中第18个数字后的任意一数字除以它后面的那个数字近似于0.618，而这些除以他们前面的那个数字则近似于1.618。

	2/1 =2.0000
	3/2 =1.5000
1+1=2	5/3 =1.66666
1+2=3	8/5 =1.60000
2+3=5	13/8 =1.62500
3+5=8	21/13 =1.61538
5+8=13	34/21 =1.61904
8+13=21	55/34 =1.61764
13+21=34	89/55 =1.61818
21+34=55	144/89 =1.61797
34+55=89	233/144=1.61805
	377/233=1.61802
	610/377=1.61803 黄金分割

自然界中的黄金分割率

松果各种螺旋线成长方式

松果里的每颗种子同时属于这两条螺旋线。8条螺旋线沿顺时针方向旋转，13条螺旋线按逆时针方向旋转。8：13的比例是1：1.625，非常接近1：1.618的黄金分割率。

向日葵各种螺旋线的成长方式

与松果一样，向日葵中的每一颗种子都同时属于这两条螺旋线。21条螺旋线沿顺时针方向旋转，34条螺旋线沿逆时针方向旋转。21：34的比率是1：1.619，非常接近于1：1.618的黄金分割率。

图 3-9(4)A

Danteum-Terragni

自然界中的黄金分割率

形成隔间的鹦鹉螺旋线
鹦鹉螺的螺旋成长方式剖面。

黄金分割螺旋线
黄金分割矩形结构以及其形成的
螺旋线。

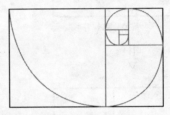

建筑与黄金分割的关系
雅典，帕提农神庙
根据黄金分割和谐分析的示意图分
析各种黄金分割矩形。

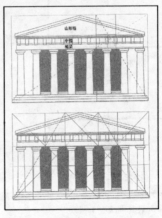

维特鲁维原理在达芬奇圆洞内的人
体中的应用
人体由一个正方形包围着，手和脚
落在以肚脐为圆心的圆周上。
腹股沟将人体等分为两部分，以肚
脐在黄金分割点上。

53

图 3—9(4)B

平面图推理过程

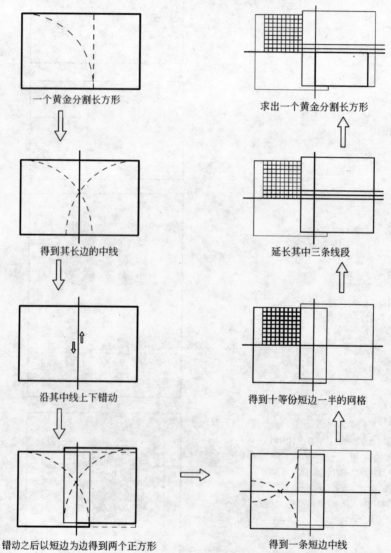

一个黄金分割长方形

得到其长边的中线

沿其中线上下错动

错动之后以短边为边得到两个正方形

得到一条短边中线

得到十等份短边一半的网格

延长其中三条线段

求出一个黄金分割长方形

图 3—9(5)A

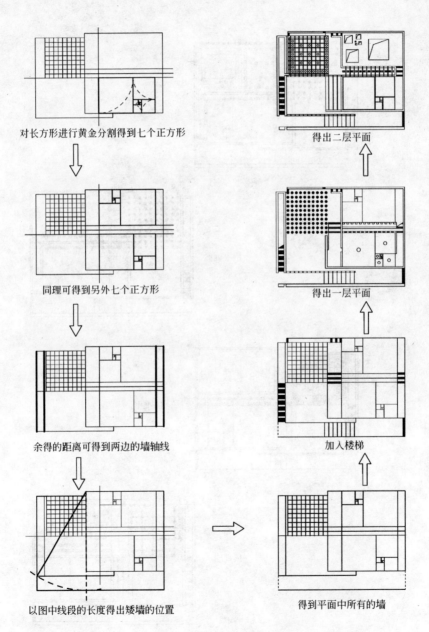

对长方形进行黄金分割得到七个正方形

同理可得到另外七个正方形

余得的距离可得到两边的墙轴线

以图中线段的长度得出矮墙的位置

得出二层平面

得出一层平面

加入楼梯

得到平面中所有的墙

55

图 3—9(5)B

平面图与立面图

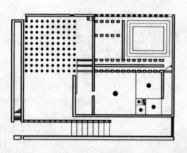

底层平面图

一层平面图

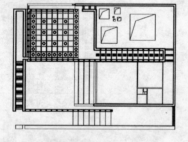

二层平面图

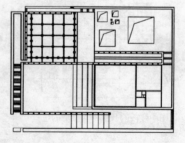

顶视图

图 3-9(6)A

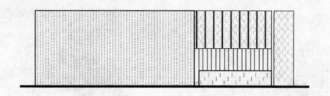

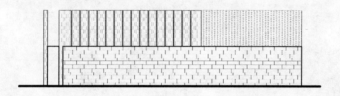

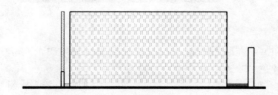

图 3-9(6)B

小型建筑设计课程

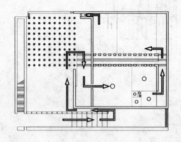
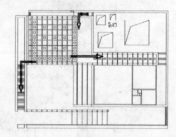

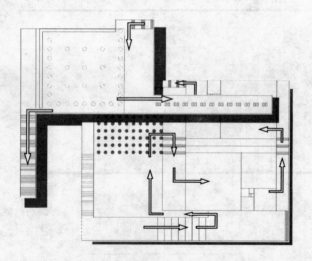

58

在但丁纪念馆中，特拉尼设计的交通流线是完全按照《神曲》中但丁的游历路线设计：
黑森林 —— 地狱 —— 炼狱天堂。

人们走在其中就如同亲身走入了《神曲》之中，踏着诗人的脚步，领略诗人的精神世界。

图 3-9(7)A

在但丁纪念馆中，特拉尼在层高上也做了变化：
从黑森林到地狱，从地狱到炼狱，从炼狱到天堂
逐渐提升，且提高的高度相同。

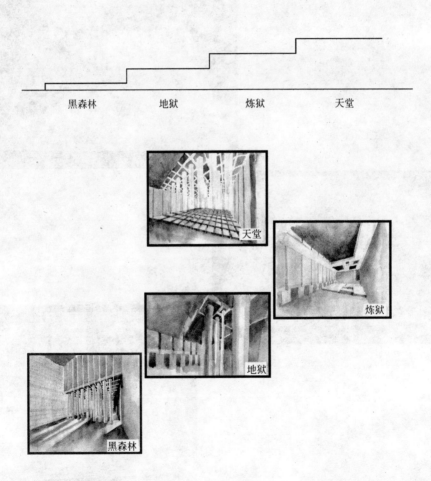

黑森林　　　　　地狱　　　　　炼狱　　　　　天堂

图 3-9(7)B

图 3—9(8)

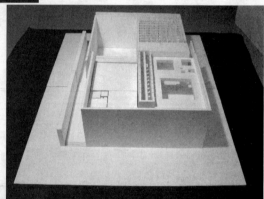

图 3—9(9)

图 3—9(10)

60

图 3—9(11)

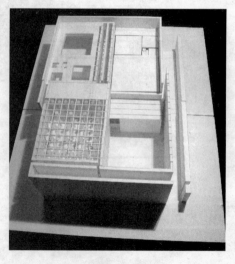

节选自中央美院建筑学院"大师作品分析"课程的
学生作业，指导教师：王小红，崔鹏飞。学生：尹晓煜，
聂赛男，张卉矜，崔勇，李蒽，沈扬。

● 建筑尺度的基本了解

事物之间的相对尺寸就是尺度，尺度是人们对某些物体大小的判断，反映建筑物及局部大小与周围环境相适应，和功能使用相适应的程度。建筑尺度主要指建筑与人之间的大小关系，建筑各部分之间大小关系而形成的一种大小感受。建筑中间的一些构件，比如台阶、门窗，人们熟悉它们的尺寸，于是他们就成为衡量建筑物的尺子。

尺度很多时候是一种习惯，蓄意改变某些尺度，可以创造特别的形式，超出人们的习惯，改变对事物的看法，以此创造特别的观赏姿态，在错愕中产生激动。纽约曼哈顿的墓地，有时候在某些角度看起来也像是摩天大楼，而从飞机上俯瞰曼哈顿的摩天大楼，感觉也就只有条石那么高，像雕塑。飞机降落，建筑物完全改变了，它具备了人的尺度，不再是高空中看到的玩具 (图3-10)。

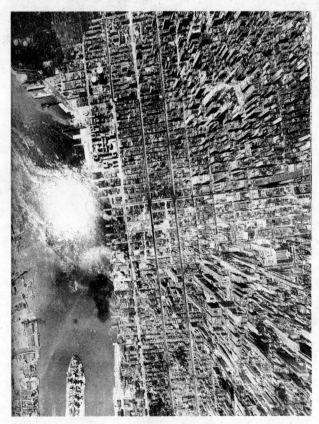

图3-10 曼哈顿鸟瞰（引自《THE LANDSCAPE OF MAN》GEOFFREY
AND SUSAN JELLICOE，THAMES AND HUDSON）

61

人是所有建筑物真正的测量标准。人体的尺寸与人的活动是决定建筑物形状大小的主要因素。建筑的尺度最终要根据人体活动空间的变化而变化。房间对尺寸的要求基于如下的考虑：

1. 人体尺寸与体型
2. 家具尺寸与形状
3. 人体移动所需的空间尺寸与形状
4. 人与人间的理想距离和心理空间

以沙发为例，人在其上的坐姿可能有以下几种：双脚踩地，两腿交叠，蜷腿或盘腿坐在沙发上，伸腿斜倚着或正襟危坐着，甚至是将一条腿搭在座椅扶手上或两条腿都在扶手上侧身坐着。据此，沙发坐垫与地板的距离、坐垫的角度、靠背的角度、扶手的高度、宽度和角度的设计就有了依据。

人在餐桌边就餐，餐桌椅要有合适的高度支撑他吃饭，椅子面要有让人舒适就坐的大小，桌子大小要合适摆放东西，又适应手臂的长度拿取东西，人站起来移动的时候，身体要能穿过没有障碍的空间，于是餐座椅后面要有人可移动的空间，比如拉开椅子就坐，又不影响邻椅的使用 (图 3—11)。

图 3—11

根据人的交往方式，人际距离可分为密切距离、个人距离、社会距离、公共距离。

1. 密切距离

0~0.45m。小于个人空间，可以互相体验到对方的热量和气味；视觉的近距离会引起眼睛的内斜视（斗鸡眼）而引起视觉失真；触觉成为主要交往方式，适合抚爱和安慰，或者摔跤格斗。在公共场所与陌生人处于这一距离时会感到严重不安，人们用避免谈话、避免微笑来取得平衡。

2. 个人距离

0.45~1.20m。与个人空间基本一致。观察细部质感不会有明显的视觉失真，不容易看清对方的整个脸部，适宜观察对方脸部的某些特征；超过1.2m，就很难用手触及对方，因此可用"一臂长"来形容这一距离。处于该距离范围内，能提供详细的信息反馈，谈话声音适中，言语交往多于触觉，适用于亲属、师生、密友。

3. 社会距离

1.20~3.60m。随着距离增大，远距离可以看到对方的整个脸部，在眼睛垂直视角60°的视野范围内可看到对方全身及其周围环境。这一距离常用于非个人的事务性接触，如同事之间商量工作；远距离还起着互不干扰的作用，这一距离，对来人不必打招呼问询；这一点对于室内设计和家具布置很有参考价值。

4. 公共距离

3.6~7.6m或更远的距离。这是演员或政治家与公众正规接触所用的距离。此时无细微的感觉信息输入，无视觉细部可见，为表达意义差别，需要提高声音、语法正规、语调郑重、遣词造句多加斟酌，甚至采用夸大的非主语行为（如动作）辅助言语表达。

对于建筑物的一些常见的尺寸我们需要有一些了解以方便设计：

水平交通：

走廊通道的尺寸要适合人的移动，还要预留空间允许拎拿东西，抱着小孩的移动，900mm宽的走廊，一个人走来宽敞，两人并肩而行就困难了；1200mm宽的走廊两人过可以，两队人过就不舒服了。走廊的净高低于2200mm，高个儿张臂伸个懒腰会碰到手，扛个东西也许就不能过。据此单扇门的宽度在750~1100mm之间，双扇门的宽度在1200~2000mm之间，门的净高在2100mm以上。通道的尺寸如同水管，要能够容纳下预测的流量，不形成交通的瓶颈。

图 3-12

垂直交通：

楼梯是最安全最易于垂直移动的方法，栏杆扶手的高度与形状要合适人的把握；头顶的上空要有足够的距离防止楼梯碰伤头部；踏步尺寸要均匀一致；一级踏步的高差有时就是潜在的危险；而超过十八步级的楼梯使人感到很累；楼梯平台的进深与楼梯宽度至少得相等；旋转楼梯宽度至少以内圆处踏步宽度 280mm 处起计算（图 3-13）。

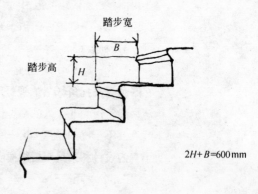

$2H + B = 600\,mm$

图 3-13

根据经验，踏步的宽(B)和高(H)符合下列的公式可能是舒适和安全的。

$2H + B = 600mm$

H 在 150~175mm 之间，B 在 250~300mm 之间

室外的台阶踏步相对宽，踏高相对小。

垂直交通由坡道，楼梯，爬梯，电梯等构成（图 3-14、图 3-15）。

车道与车库：

因为轿车停放和运动的方式占有空间比较大，因此对于轿车进入车库或车位和掉头的方式、转弯半径、道路宽度需要仔细的设计，尤其是当基地比较狭窄情况下。一般单行车道的宽度为 3m，小车的转弯半径为 6m，车库的宽度除了考虑车子尺寸，还要考虑开门下车的空间。车子进车库的方式决定了车库前与道路间的缓冲空间的不同尺寸（图 3-16）。

64

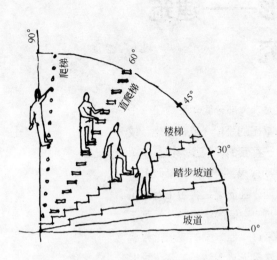

图 3—14

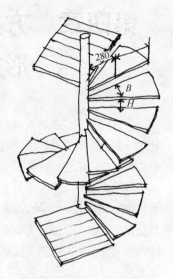

图 3—15

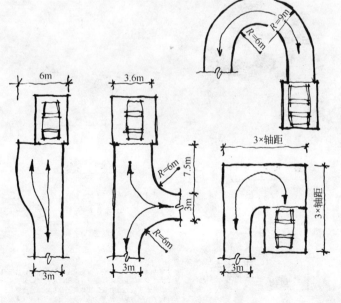

图 3—16

65

第四章 方案雏形——建筑形式研究

在经过几周的苦思冥想和动手操作之后，大部分同学形成了一个比较完整的方案雏形，同学们借助草模和草图的手段，或从基地，或从立意，或从拟定的任务书出发，完成了一整套的以模型为主、草图部分以平面图和文字说明为主所构成的中期成果。大部分同学跟上了课程的节奏，也有同学没有拿出完整的东西。在此之后，由于对建筑造型的不满意，在经过了基地和功能的分析、空间的组织等一系列工作之后，有个别同学完全推翻方案，从头来过，但方案的成形过程要比之前的快很多。回过头来，我们再讨论建筑形式表达与方法，可能收获会不一样。图 4-1 为 2004 年别墅设计课中期成果。

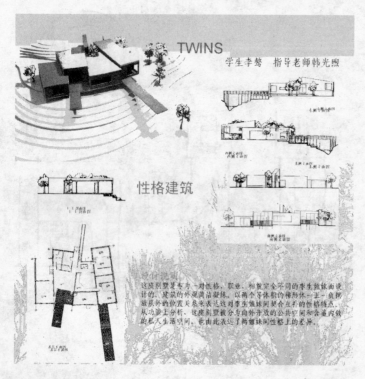

图 4-1(1)

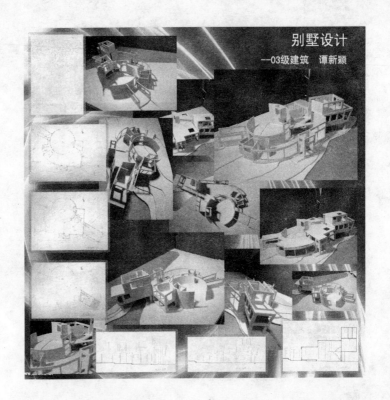

图 4—1(2)

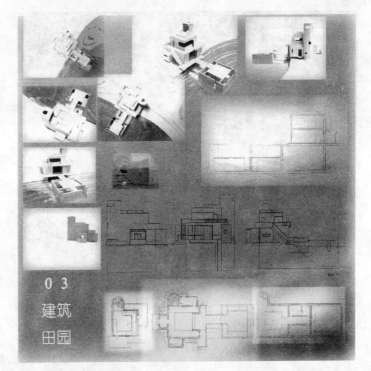

图 4—1(3)

图 4—1(4)

图 4—1(5)

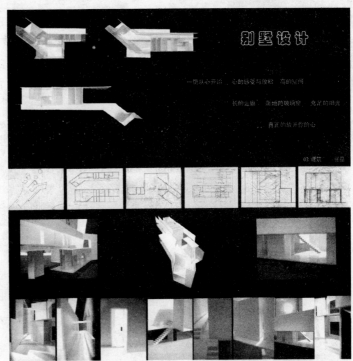

图 4—1(6)

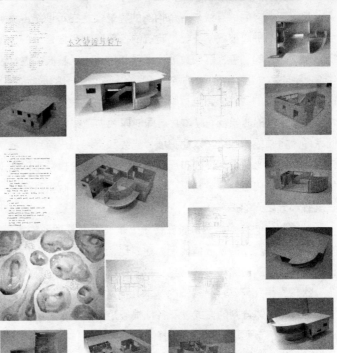

图 4—1(7)

建筑的本质是一种造型活动，以形式与空间为造型媒介。建筑作为艺术，具有"表达"的特征：通过视觉形象，表达其精神气质。我们要尊重艺术创作的规律：光线的表达，空间体量的塑造，自然形态的抽象，形式风格，材料精神，几何美学等，以此反映文化的内涵。

建筑的体型远比建筑的装饰来得重要，十年前去过承德的外八庙，喜欢褪去了颜色的木质的庙宇，不是不喜欢那些古建筑的漆面和彩画装饰，而是这样整理过后，我们更容易解读造型。真正令人喜悦的不是那些只靠表面装饰而忽略形的建筑。形可以通过表面处理得以强化或变得模糊不清。装饰的价值不容否认，否认装饰价值的建筑是贫乏的。

就像柯布西耶认为的那样，现代建筑的造型元素有三样：体块、表面和平面。体块是我们可以感知的度量的因素，表面是体块的外表，以丰富与消除对体块的感觉，平面是体块和表面生成的基础。

● 直线与非直线几何形态

基于工业文明的直线与直角构图的建筑模式在20世纪占据主要的地位。建筑的平面被数学支配，建筑的各部分都来自合理的依据，建筑师接受这样的训练：以模数进行度量和统一，以基准线进行设计和建造，要成功地组织建筑物的各个不同的部分，类似的形状、大小、特征可能是重要的条件。完全相同的形以特殊的方式组合，称之为模数化。因此度量的时候就有了次序，同时以视力范围内的轴线维持建筑的秩序，将轴线分等级，以此把墙、光线和空间分出等级，将意图与感觉分类，以此获得有序的布局和建筑的整体性。模数可以用来控制建筑物，模数化可以节省材料、提高设计的效率、获得秩序感、建立建筑各部分之间的关系。

与模数化一样，比例系统在传统上是建筑师整理形的重要工具。维特鲁维最先严正的视人体比例为建筑比例之源。人的步幅、上臂、脚和手是可采用的最简单、最常见、最不易丢失的量尺 (图4-2)。

欧几里德几何曾经是建筑的基本几何体。黄金矩形、黄金分割对于各种几何形体分割的方式以及各种根号矩形由于作图的简便被人们广泛认可。柯布西耶在形状的选择上就以直角、轴线正方形、圆形等几何形为主。他还把运用在极简绘画上的"规则线条"的形式法则，运用到了建筑的立面设计当中 (图4-3)。

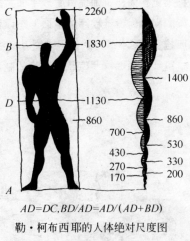

$$AD=DC, BD/AD=AD/(AD+BD)$$

勒·柯布西耶的人体绝对尺度图

图 4-2

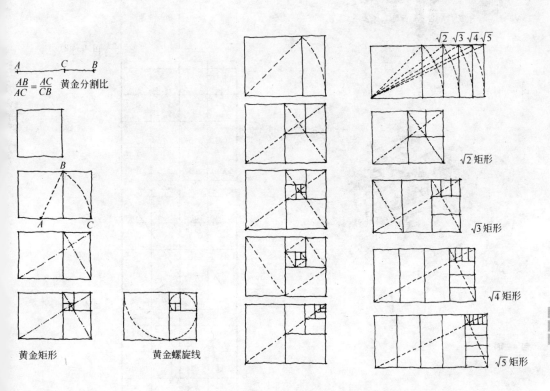

图 4-3

现代主义建筑的另外特点就是要探求结构表达的逻辑性和真实性。框架结构为建筑师提供生成平面类型的潜在自由，于是以暗合结构框架的网格为设计秩序的平面形态设计方法随之而来，已被很多建筑师所接受。图4-4为萨伏伊别墅基准线分析图（中央美院建筑学院02建筑班　董丽娜，罗琼菲，周吟／制）。

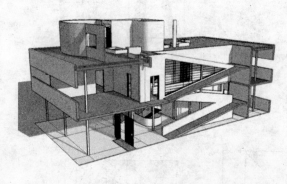

图 4-4(14)

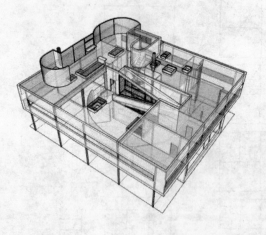

图 4-4(13)

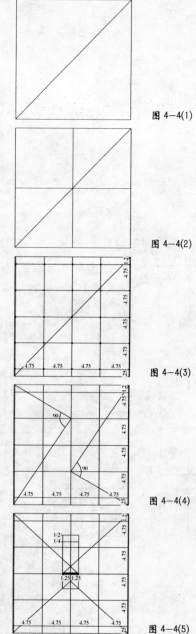

图 4-4(1)

图 4-4(2)

图 4-4(3)

图 4-4(4)

图 4-4(5)

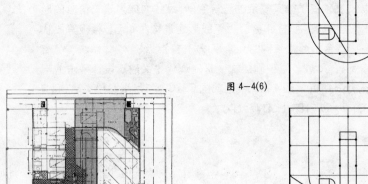

图 4—4(6)

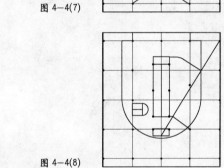

图 4—4(7)

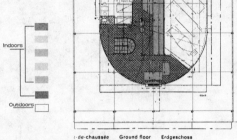

Indoors

Outdoors

z-de-chaussée   Ground floor   Erdgeschoss

图 4—4(9)

图 4—4(8)

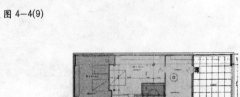

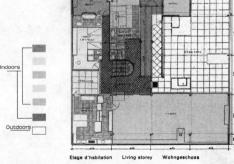

Indoors

Outdoors

Etage d'habitation   Living storey   Wohngeschoss

图 4—4(12)

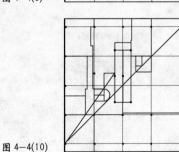

图 4—4(10)

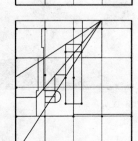

图 4—4(11)

埃森曼在他的"卡片住宅"系列设计中，极少的使用体量、质感和色彩，采用对网格的叠合与扭转、压缩与伸展、对位与移位的方法，从几何学出发创造了极其复杂的建筑空间，点线面成为建筑语言的形式结构，对应的是梁、柱和檐口板等线形建筑构件和墙、楼板等面状建筑构件，结合了形式结构的几个系统（支柱系统、墙体系统、门窗开口系统等），形成多重空间层次。是对现代主义建筑设计手法的丰富与补充（图4-5至图4-10引自韩国C3TOPIC期刊《NEW WORLD ARCHITECT——PETER EISENMAN》）。

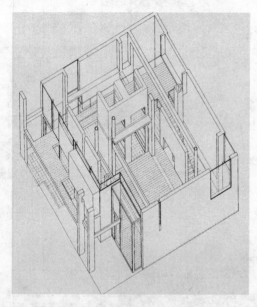

图4-5 Peter Eisenman 设计的一号宅

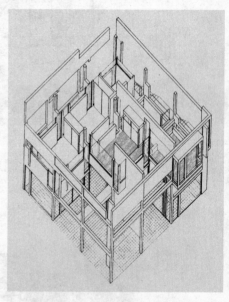

图4-6 Peter Eisenman 设计的二号宅

图4-7(1)

图4-7 Peter Eisenman 设计的三号宅

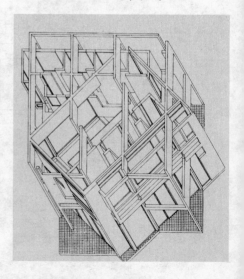

图4-7(2)

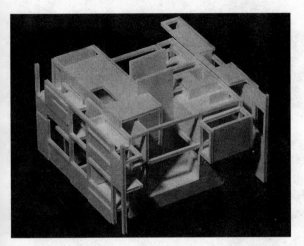

图 4—8(1)

图 4—8　Peter Eisenman 设计的四号宅

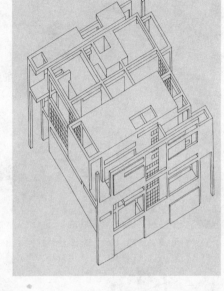

图 4—8(2)

图 4—9(1)

图 4—9　Peter Eisenman 设计的五号宅

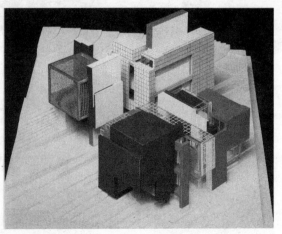

图 4—9(2)

75

图 4—10(1)

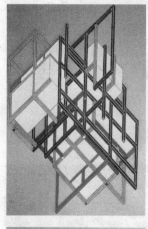
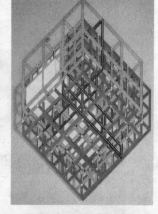

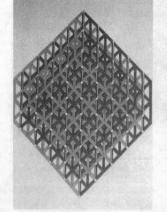

图 4—10(2)

图 4—10(3)

图 4—10(4)

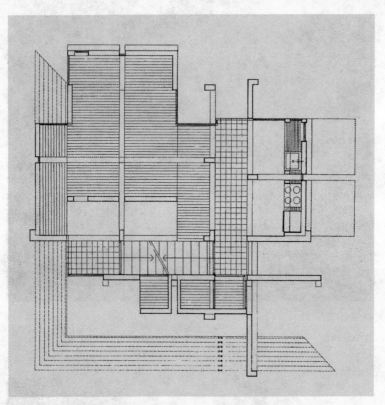

图 4—10(5) 一层平面

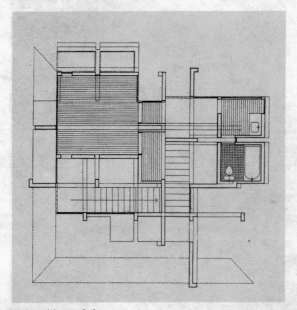

图 4—10(6) 二层平面

图 4—10 Peter Eisenman 设计的六号宅

　　文艺复兴开始人们以一点透视法描绘绘画空间，于是也培养了人们从画面之外观看完整和封闭的画面空间的习惯，以基本几何形体造型的建筑内外分离，具有静止的空间容积。现代绘画尤其是立体派绘画将绘画题材的分解使得画面失去了中心，开放的画面边界使受现代绘画启发的现代建筑得以打破方盒子的封闭，建筑有了不曾有过的轻巧、通透和恢宏大气。密斯在巴塞罗那德国馆的设计中，用水平面与垂直面的体系，达成了建筑通透性的现实，千年来内外空间的分割消失了，只通过一面大的玻璃来表示，在平板屋盖底下，流动空间围绕独立的片墙建立，建筑的实体部分只是为了界定空间，空间获得了自由。流动空间的本质就在于空间与空间之间关系的模糊，建筑摆脱了从下到上的封闭性，房子转角可以以虚体的面貌出现。方盒子的封闭被打破了。

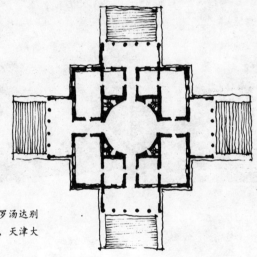

图4-11(1)　文艺复兴时期帕拉迪奥设计的意大利罗汤达别墅平面（引自《设计与分析》伯纳德·卢本等著，天津大学出版社）

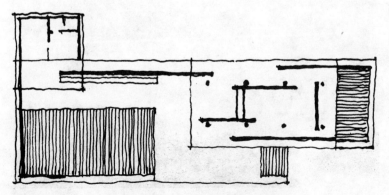

图4-11(2)　1929年密斯设计的巴塞罗那德国馆平面

现代建筑学中，非线性几何学在材料、结构和新数学中的运用比在比例和对称概念中的运用更显重要，20世纪一些伟大的工程先驱如奈尔威、富勒等创造出了极为高超的非直线几何形式，他们把新型几何知识和新材料如钢筋混凝土发挥得淋漓尽致，因而设计出了大胆而优美的结构，表现出轻巧飘逸的性格，达到前所未有的跨度，这些建筑大多用薄壳、桁架和薄膜等大胆有创造性的三维结构，而组成这些结构的是双曲线、桶型拱、折叠板和网格穹顶。

图4-12　富勒设计的加拿大蒙特利尔世博会美国馆——六角网架穹顶（引自《20世纪世界建筑——精彩的视觉建筑史》[英] 丹尼斯·夏普著，胡正凡，林玉莲译，中国建筑工业出版社）

图4-13　奥托设计的加拿大蒙特利尔世博会德国馆——张力蒙皮结构

图4-14 柯布西耶设计的比利时布鲁塞尔世博会电子诗篇馆——圆锥曲线体（引自《20世纪世界建筑——精彩的视觉建筑史》[英]丹尼斯·夏普著，胡正凡、林玉莲译，中国建筑工业出版社）

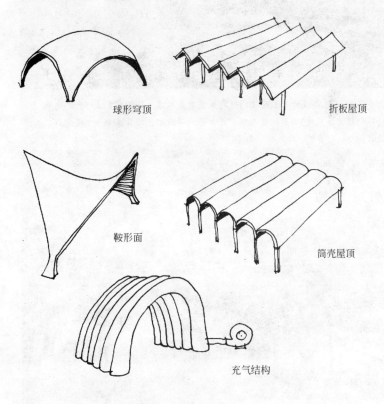

球形穹顶

折板屋顶

鞍形面

筒壳屋顶

充气结构

图4-15 非直线几何形式建筑

图4-16 尼迈耶设计的巴西里约热内如里奥美术馆（引自《20世纪世界建筑——精彩的视觉建筑史》[英] 丹尼斯·夏普著，胡正凡，林玉莲译，中国建筑工业出版社）

图4-17 卡拉特拉瓦设计的葡萄牙里斯本世博会车站

● 有机与仿生形态

在现代主义盛行的建筑年代，赖特提出了有机主义建筑理论，给有机建筑以极高的地位，他所阐述的有机建筑的根本就是一种从内而外整体性：一座有机建筑或多或少地意味着一种有机的社会。整体化建筑中的有机思想拒绝立面唯美主义所强加的规则和品位，有机建筑拒绝那种对外表进行与其所有者本性和兴趣不相吻合的装饰。在很长一段时间里，美看起来毫无意义。现在，美必须变得对我们的时代有意义，我相信这个时代的来临。在这个摩登的时代，艺术—科学—宗教将合为一体，而这种结合将以有机建筑为中心。

有机建筑根植于对生活、自然和自然形态的感情之中，从自然界和其多种多样的生物形式与过程的生命力中汲取营养，有机建筑中自由流畅的曲线造型和富有表现力的形式，强调美与和谐，与人的身体、心灵和精神融为一体。直线和直角构图的建筑模式与机器时代的生产方式与唯物价值观紧密相连，而后工业时代正在催生一个新的世界，同时也是一种更为古老的智慧的重现。科学探索的疆域越来越宽广、越来越深入，电子显微镜带我们进入到了一个微生物的世界，天文望远镜带我们进入浩瀚的宇宙，这是一个自然形体、结构和纹样的全新世界，为设计带来全新灵感。现代信息技术与电脑辅助设计使设计者的创作获得更多的自由，最新的三维创作软件使得微妙复杂的形体的设计与建模更加容易，不再需要以直线、直角和立方体作为设计控制的要素。根据"形体体现力度的原则"，拱顶、穹窿和球体等曲线形式比相应的直线结构更有力、更高效、更经济。受到自然界和生物有机体的非线性特征和创造力的启示，有机建筑富有环境的意识，表达了场所、人和材料之间的和谐，有机建筑是多样的、自由的和令人吃惊的，她那无穷无尽的想像力、多变的形式都来自大自然的灵感（图4-18、图4-19、图4-20）。

图4—18　Kendrick Bangs Kellogg 设计的美国加利福尼亚棕榈泉高地沙漠别墅（引自《新有机建筑》[英]戴维·皮尔逊编著，百通集团／江苏科学出版社）

图4—19　奈尔维设计的意大利罗马小体育馆（引自《新有机建筑》[英]戴维·皮尔逊编著，百通集团／江苏科学出版社）

图4—20　盖里设计的西班牙毕尔巴鄂古根海姆美术馆

　　自然界的图案与形式是事物内在的生长法则的产物，例如螺旋形和分形，同时也是外部力量作用的结果，如太阳、风力和水力。影响最大，分布最广的自然法则之一是斐波纳契数列，以中世纪意大利数学家莱昂纳多·斐波纳契的名字命名。这是一组无穷数列：1，1，2，3，5，8，13，21，34，55，89……，数列的每个数字都是前面两个数字之和，在自然界中，他掌管叶序的发展（一根茎上叶子的分布），他能描述各种各样生命体的螺旋形生长的图案，如菠萝、向日葵、松果、攀缘植物的卷须、动物的角、以及各种贝壳，还有常见的鹦鹉螺。由这个数列产生了黄金分割，比例为1∶1.618，或者8∶13，此外还产生了黄金比矩形，它的边长之比符合这个比例。它使古典主义和文艺复兴时期的建筑创造出和谐的比例。如果把一个越来越大的黄金比矩形外接圆的弧线连接起来，可以得出一种连续的对数螺旋线。于是很多有机建筑以此作为建筑图形的开始。

图 4-21(1)

图 4-21(2)

图 4-21　高迪设计的西班牙巴塞罗那圣家族教堂

图4-22 迈克尔·雷诺兹设计的美国新墨西哥州鹦鹉螺号大地船（引自《实验性住宅》[英]尼古拉斯·波普／编著、中国轻工业出版社）

图4-23 FUTURE SYSTEM设计的英国伦敦贵族板球馆梅迪亚中心(引自《新有机建筑》[英]戴维·皮尔逊编著，百通集团／江苏科学出版社)

几乎适应任何天气条件的生态建筑。承重外墙用废弃的汽车轮胎，孔隙挤满泥土，以石墙的方式堆积，隔墙用铝罐加水泥加砂浆砌筑，朝南是倾斜的大玻璃窗，另外三面墙部分埋入地下，建筑远离电力系统，废水和雨水被充分利用。

● 媒体，消费和电脑时代的多彩建筑形态

后现代建筑是始于20世纪中期由媒体和广告所激发的大规模消费的日益增长的产物，同时深受POP艺术的影响。后现代空间开始消融现代主义空间中的等级界限、教育背景和品位观念，转而代表了一种基于消费的层次结构，这种被描述为没有层次结构的异质空间，使人们对先前分门别类、划分界限的功能主义方盒子的信仰破灭。以历史和乡土建筑的片段，为建筑造型的符号。以拼贴为手法，借助文学的隐喻，揭示对文化的关注。文丘里在为他父母设计的长岛住宅的南立面，借用古典建筑的构图，在大大的基座上，四个巨大而丰满，但不具备三维特征的多立克柱，夸张了古典建筑的符号。

框架结构使墙体摆脱了承重的功能，建筑表皮的围合与交流两个功能，获得了平等的地位。框架结构使墙体被重新定义，被去除了装饰和承重的功能，墙体成为填充物，像包装纸似的被悬挂在框架体之前、之间和之后，同时模糊了墙窗之间的界限，墙体可以作为建筑的表皮，获得前所未有的自由，获得了精神与表现的地位。于是表皮可以成为围绕建筑自由而连续的外皮；透明的表皮表述出了空间的深度，使建筑的剖面成为立面；媒体时代，建筑的表皮成为媒介的载体，表皮系统的探索借力于视觉传达设计的文字和符号，具备媒体功能（图4-25、图4-26）。

图4-25(1)

图4-24 文丘里设计的美国长岛父母住宅（引自《别墅建筑设计》（建筑设计指导丛书）天津大学 邹颖 卞洪滨 编著，中国建筑工业出版社）

图4-25(2)

图4-25(3)

图4-25 OMA设计的荷兰乌特勒克教育中心。现代建筑热衷于连续弯曲折叠和倾斜的平面，表达了空间的连续性、灵活性、不确定性和不稳定性

87

图4-26 汉诺威博览会数码电讯馆：建筑成为媒介装置，传递图文信息

计算机将给建筑带来的革命，是一场革命性社会剧变的一部分。我们已经看到，计算机对建筑设计的贡献已经从大规模的制图、计算发展到帮助生成建筑方案设计的广泛运用。利用计算机日益完善、几乎无所不能的建模技术，对于建筑形体的扭转、折叠、穿插、剪切、弯曲，以曲面截割和曲面弯曲来处理建筑形体，以得到个完美的受力结构。新的建筑造型的审美原则、新的设计理念和设计手法开始盛行，比如颠倒秩序、打破协调、改变等级、摆脱地球的引力、颠覆直角、摒弃垂直、整体的打碎、片段的组合（反转，叠置，错动，堆积），借助电脑，建筑造型设计形成的偶然可以成为必然（图4—27、图4—28）。

图4-27　莫弗西斯设计的美国圣巴巴拉的别墅（引自《国外独立别墅》江西科学出版社）

图4-28　MVRDV设计的汉诺威博览会荷兰馆。采用置叠的手法，构筑高密度建筑物，表达可持续发展的理念

小型建筑设计课程

　　盖里把握住了CATIA系统出现的重要时机,设计西班牙毕尔巴鄂美术馆项目时,盖里的设计和生产小组充分运用了这个曾经引用于航空技术的系统,这个系统对于处理非传统式的建筑造型有着超出设计理念的活力.盖里不断的将无数按比例制作的手工模型撕开,并在上面切割粘贴新层以作出新的模型,CATIA的手持式扫描仪在扫描手工模型的每个曲面之后,将数据输入电脑,再现与屏幕获得精确的图档记录,还能传输电子数据导引刀具截割制作.CATIA系统所提供的用以形成建筑师在草图和模型中所塑造的形体并使之成为数据文件的能力,和计算机对建筑进行的数字化处理从而得到精确的建设文件,在承包商和业主那里为盖里赢得了极高的专业声誉,并随着古根海姆美术馆的建成,为盖里带来了世界性的声望(图4-29、图4-30、图4-31)。

图4-29　Ashton Raggatt Mcdougall设计的澳大利亚墨尔本的STOREY HALL(引自《当代世界建筑》刘丛红等译,机械工业出版社)

　　十九世纪演讲厅的翻新,以数学理论为依据,采用模糊逻辑的处理方法,外表面有不规则的几何碎片,色彩令人寒惊。

图4-30 盖里设计的西班牙毕尔巴鄂古根海姆美术馆

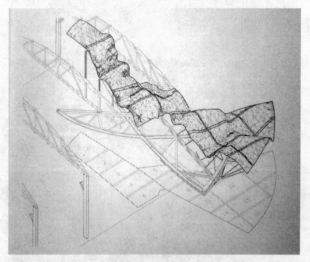

图4-31(1)

图4-31(2)

图4-31 埃里克·欧文·莫斯设计的
美国洛杉矶绿伞表演厅（《当代建筑与
计算机—数字设计革命中的互动》[英]詹
姆斯·斯迪尔编著，徐怡涛、唐春燕译
中国水利水电出版社／知识产权出版社）

观众厅上流动的火山熔岩般的玻璃
天棚，是对材料不可预料的可变性的控
制，借助计算机进行的极限挑战。

第五章 进入建筑——方案的整体深入

　　在交了中期草模和成果之后，一些同学来问我"接下来我们该做什么"。是呀，在确定了建筑和基地的关系、确定了建筑的体量造型及其的虚实关系、确定了建筑平面的功能布局，摆放上了楼梯，组织了房间与走廊等等之后，方案的深化过程我们要做什么？

　　建筑形式的逻辑性与整体性是在第一个建筑设计课程中要向学生灌输的概念。在中期成果之前，学生从模型入手，凭直觉完成方案的雏形，提出了建筑形体和建筑空间的解决方案，建筑与环境关系的初步意向，以平面图入手来解决功能的布局和流线的组织，在这个阶段教师要着重在上述的方面给与学生帮助。在方案整体深入的阶段，学生应该关注平面形式的几何性与结构系统的几何性之间的强烈关系，为了配合平面设计所需要的空间取向及墙面开口，要选取适当的结构体系，同时要反过来规整原有的平面布局。

　　两千多年前中国的老子在《道德经》里谈及："凿户牖以为室，当其无，有室之用。故有之以为利，无之以为用"，影响了后世现代主义建筑大师赖特的建筑创作。用现代汉语的解释，大体之意为屋子有了门窗，因其里面的空间，被用作房间；利用建筑物质实体的围合，实质有用的却是建筑的空间。老子这段话揭示了建筑内部空间与建筑外部的物质构成间的关系。

　　在获得了平面、结构和环境对策的合适的形式的基本雏形之后，下一步要面临的首先是如何对待建筑外部的物质构成，即建筑外皮的处理，建筑看起来怎样。建筑表皮之内的部分是空间，表皮之外的就是体量。外观立面、屋顶、开口、表皮，建筑的视觉形象处理对策无论是对建筑师、政府官员、开发商还是普通百姓都是主要的。

　　对于手绘草图来说，当图纸比例放大时的平面图会让你发觉很多地方需要肯定，设想人从室外走进室内，从这间屋到那间屋，呆在不同房间的不同感受，从窗户往外看的视野，体会空间内材料、机理与空间过渡的细微感受。透过模型走近或走入你的房子会很有意义，可以试着放大一些局部，来处理细部的构造设计，体会走入建筑时的空

91

间感受。同时借助一点透视或轴测图的办法，可简单的解决室内空间设计的问题。

这一阶段我会尽量制止那些要将自己方案推翻重来的同学的想法。按比例确定了设计的图形和三维模型之后，按照更大比例的方案整体深入，立面的开窗方式、材质的选择等等可以尽可能早的增加设计意图的丰富形象。每一个阶段有每一个阶段要解决的问题，对于设计时间的管理有助于完善方案的完成度与整体性。

● 结构初步

建筑的结构创造了构成建筑空间的外围实质，它基本上由水平的板（屋面板、楼板）、格栅和梁、垂直的墙与柱以及开口（门，窗）和埋在地下的基础构成。结构受垂直的荷载（建筑构件的自重、设备家具和人的重量、风雪温差等外力的因素）和水平的跨距因素彼此间的关系影响，所有垂直的荷载因素由墙柱通过建筑的基础转移到较大面积的土壤（图5-1）。

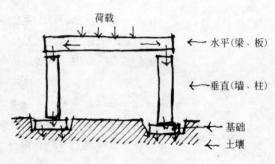

图 5-1

对于面积不大的小型建筑，通常的结构形式有承重墙结构和框架结构，结构系统常以模数的概念来获得效率与经济性。此外可塑性结构在非几何形态的建筑里也常用到。

承重墙结构由墙体来承担梁或楼板传递的荷载，建筑的层数不是很高，最适宜在4层以下，此结构体系具有方向性，提供了单一方向的空间穿透性，相对的两侧封闭，另外两侧开放，封闭两侧的跨距尺寸会在一定的范围内，一般来说梁下的承重墙不应开洞。相对来说，承重墙的结构墙体看起来很厚重，过梁是洞口存在的直接方式。构成承重墙的材料可以是砖、混凝土、夯土和石头，不同的材料构成的墙厚不同。承重墙承担维护和承重双重的功能（图5-2、图5-3）。

框架结构由柱来承担梁的荷载，由于其线性和骨架式的特性可以根据空间方向弹性变化，结构的四侧都具开放性。框架结构建筑的层数适宜在10层以下。框架结构同时解放了建筑的平面与立面，在框架体系里墙体只是作为围护结构，也就具备了自由。自由的开洞，自由的弯曲或倾斜，甚而成为独立的建筑表皮。过去一堵墙只用一种材料（砖，石）来建造，今天人们会用不同功用的材料，以层的次序安排在

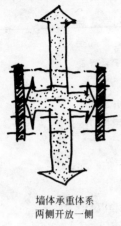

墙体承重体系
两侧开放一侧

图 5—2

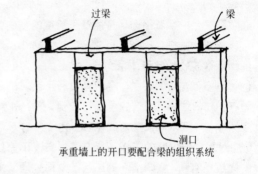

承重墙上的开口要配合梁的组织系统

图 5—3

一起，合并成一块镶板来达到理想的效果。立面镶板成为建筑幕墙的
基本构件。作为突出在结构以外的重复性的面板，它们之间的连接要
符合结构网格，表皮的虚与实、透明与不透明、材料的轻与重、整体
还是由不同部分组成、表皮对于结构或者填充或者覆盖，以及在各种
情况下可以只有开口的面板的设计就决定了建筑的表达。柱子的材料
有木头的，混凝土的，钢的，也可以是砖砌的，柱子的截面一般是圆
和方的，钢柱也有工字形或十字形的截面(图5—4、图5—5)。

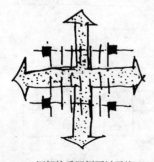

框架体系四侧可以开放
空间取向可以弹性变化

图 5—4

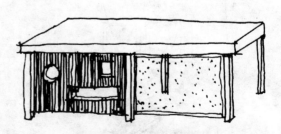

在框架结构中，墙面可以自由开口
柱列也可以用来分割墙面

图 5—5

93

楼板可以有承受跨度和封闭上下楼层的两重功能，主要材料为混凝土和木头，混凝土楼板有预制和现浇两种。梁可以是木造的或混凝土和钢制的，梁的断面一般是长方形，T形和工字形。为了施工的方便与效率和经济的原因，梁的尺寸，跨度方向以及与墙或柱的连接方式必须系统化。梁及格栅尽可能置于跨度的短向上。

建筑物的开口有门、窗、天窗、楼梯井、天井。开口必须尽可能的纳入建筑物的几何体系，结构墙上的开口必须配合梁的承重。门的位置与空间流线有关，与空间有效利用区域的数量有关，一般内门往里开，外门往外开。窗的位置与景观、采光和隐私有关。冬日的阳光令人愉快，可以增加室内的色彩；夏日人们不需要直接射入室内的阳光；对视觉要求高的工作不能在直射日光下完成，有时候散射和反射的光线更有利；室内空间的形状及墙面处理对采光有重要的作用，房间的较高的高度、较浅的进深和较大的窗户面积可以获得更多的光线，较平的墙面会产生更强的反射，使房间更亮堂。对于采光量来说，窗户离天花板越近，采光越多。天窗自然是最有效的自然采光的手法。应配置门窗而产生的墙面要配合室内的家具、顶棚和地面分割形成统一的几何系统（图5-6、图5-7、图5-8）。

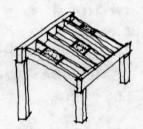

天窗尺寸要配合梁或格栅的跨距

图 5-6

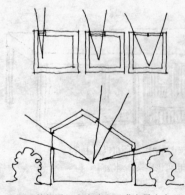

洞口的位置与大小决定了进光量大小

图 5-7

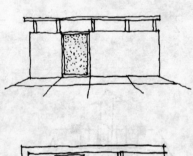

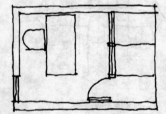

开口、家具、封闭面之间尽可能的纳入建筑的几何系统

图 5-8

一些建筑构件的基本尺寸(经验数据)

a. 门窗尺寸: 单扇门的宽度一般在750~1000mm之间, 高度在2100~2400mm之间。并且与模数有关。单扇窗的宽度一般在600~1500mm之间。高度在1200~1800mm之间, 窗棂的分割应配合建筑的其他尺度系统。

b. 墙／柱尺寸: 砖墙厚240~480mm, 混凝土墙厚200~400mm。钢柱截面150mm×150mm~300mm×300mm或100mm×200mm~200mm×400mm, 木柱截面120mm×120mm~240mm×240mm, 混凝土柱截面300mm×300mm~500mm×500mm(4层以下), 柱子高度一般是柱子截面边长的15~20倍。

c. 梁／板尺寸: 梁高是跨度的1/10~1/15, 适用木, 钢, 混凝土。钢筋混凝土主梁跨度为6~8m, 次梁为4~6m, 钢梁的跨度可以为10~20m。

混凝土楼板厚160~200mm, 无梁双向板(双向配筋)跨度可以达到6~9m, 板厚大于跨度的1/40; 在板中嵌入梁, 成为梁板结构, 跨度就以梁的跨度经验为参考; 木板跨度1m, T形钢板和混凝土板跨度3~4m, (这就产生了梁的间距, 大于这样的尺寸就有了次梁系统); 密肋楼板跨度0.9~1.5m。

在这里提供建筑结构技术的简介目的是把一系列观点与选择的自由告诉大家, 在未来的专业生涯里, 同学们会学习和更多关注结构构件之间的连接点的处理问题, 基本的是墙与屋面的连接、墙与楼板的连接、维护外墙与结构体的连接、外表皮虚实之间的连接。

● 立面设计

关于建筑的外形, 卢贝特金注意到了建筑师所面对的最困难的任务之一是给建筑"一顶帽子和一双靴子", 为此以三段式的构图为主的建筑的古典语言已经提供了一整套处理手法: 底部的基座, 由突出的基础, 柱式的基部和台阶构成; 中间部分以柱式或者装饰过的窗户构图为主; 再上面就是檐口部和女儿墙或者是各式各样的斜屋顶。同样中国古代单体建筑的外观由砖石砌筑的阶基, 木制柱额做骨架的屋身和木结构屋架构成的屋盖组成。古典式建筑在环境之间建立了良好的过渡关系, 建筑如同长在地面上, 看起来稳定均衡。

一个整体的斜屋顶在建筑的视觉形式里能占有主导地位, 不同的屋顶样式和不同的坡度, 构成了世界各地的建筑地方风格和不同大师的设计特点。斜屋顶的转折, 相同或不同坡度间屋披的连接与穿插, 穿出屋顶的老虎窗的样式与屋顶的关系, 屋檐和墙体的连接处理, 一直都是建筑师花力气处理的地方。赖特的带有平缓屋顶的草原住宅，在深远挑檐下的阴影里，常用连续的高窗作为屋顶与墙体的过渡，在中国传统建筑中处理这样的阴影采用的是彩画装饰（图5-9）。

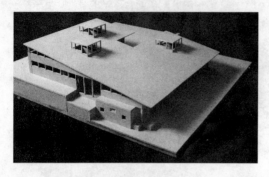

图5-9 张永和设计的北京怀柔"山语间"别墅（中央美院建筑学院02建筑班 迟橙橙、张红梅／制）

顺梯田山势的单坡屋顶在概念上形成与被改造为梯田的山坡的呼应，除挡土石墙外用玻璃围合，水平长窗以中国画的构图强调窗外景色的中国性。

现代建筑以反重力的面貌出现，建筑漂浮或悬空在地面之上，柯布西耶在其萨伏伊别墅和马赛公寓的设计中，用独立支柱使建筑停留在基地上空，从而在建筑物和基地之间创造了一种过渡性的空白。在屋顶层上，构图比例严谨的立面，被突然的自由曲线墙面与其他可塑形式所终止，使建筑物具有近似抽象雕塑的轮廓。

现代主义建筑立面构图中的开口必须尽可能的纳入建筑物的几何体系，尽管柯布在现代建筑五要点中提到了自由立面和带形长窗的特点，在他早年的代表作萨伏伊别墅中的立面，他严格的遵循黄金比例分割的几何原则，以12°的基准线控制立面划分和条形窗的位置、窗格子的大小。晚年的他在朗香教堂的立面处理上却以表达可塑性为主，在厚重的墙体上，自由开启大小不同、位置不同的窗户，尽显光线的表现能力（图5-10、图5-11）。

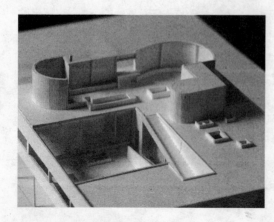

图5-10(1) 萨伏伊别墅模型

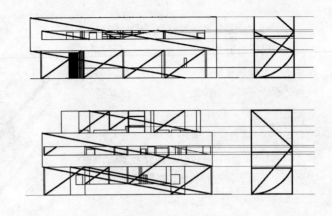

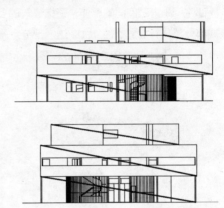

图5-10(2)　萨伏伊别墅立面设计基准线分析
（中央美院建筑学院02建筑班　董丽娜，罗琼菲／制）

97

图5-11　朗香教堂立面

里特维尔德是是荷兰风格画派(De Stijl)的一员，作为建筑师，里特维尔德设计的荷兰乌特勒克的施罗德别墅是用眼睛设计的，符合荷兰风格派美学原则：新建筑移动许多不同功能的空间单位(连同突出的平面和阳台)从立方体的中心向外甩，借着这种方法，高度、宽度和深度加之时间(四维空间的整合)才能在开放的空间里有完全不同于过去的展现。施罗德别墅打破箱形体块，是具有二维特点的建筑，它并不是模数体系下的建筑，建筑的体量被减至最低限度，外部空间是内部空间的延伸，整栋建筑的各组成部分都具有视觉的独立性，这些部分重叠又分离，并通过色彩使之更加强(图5-12)。

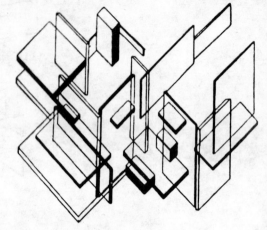

图5-12(1)　荷兰风格画派理论家Theo Van Doesburg　的艺术穿华厦草稿（引自《设计与分析》伯纳德·卢本等著，天津大学出版社）

图5-12(2)

图5-12(3)　里特维尔德设计的荷兰乌特勒克的施罗德别墅

　　门德尔松在1919年设计的爱因斯坦天文馆被认为是20世纪最杰出的原创建筑之一，一座完全的可塑性建筑，没有转角，表面平滑并带有圆角，发挥了混凝土的可塑性，如同模子铸造而成。尽管在当时物资短缺的情况下，爱因斯坦天文馆部分还是用砖砌的结构，通过表面的粉刷使之看起来是连续而完整的。80多年后牛田英作与凯瑟琳·芬德莱在东京设计的富有雕塑感的架构墙住宅，其建造方式采用的是，先以弯曲的预应力钢筋构成基本形状，附上钢丝网，然后浇入混凝土砂浆。这种方式可以将各种不同的形式和谐地融为一体，建筑的内部空间与外部形态充满了流动感。

图5-13　门德尔松设计的波斯特顿的爱因斯坦天文馆（引自《设计与分析》伯纳德·卢本等著，天津大学出版社）

图5-14　牛田英作设计的日本东京的住宅（引自《当代世界建筑》刘丛红等译，机械工业出版社）

　　解构主义大师哈迪德·扎哈的设计看似纷乱、无序、破碎和尖锐，通过玩弄造型元素，在建筑空间与构成上挑战着现代主义的观念，打破了现代主义方正、工整、井然有序的建筑盒子。维特消防站有着优雅柔和的外表和与地面若即若离的关系，充满了交错与流动感。严格来讲这个建筑并没有什么立面，体量形体本身的穿插和墙体自身的开合，构成了立面的虚实，每一片混凝土墙都是倾斜的，没有复制，没有正交，以顽抗地心引力的姿态，漂浮、倾倒或撞击地交织在一起。体量确定后，最外面的墙就成为了立面，明显地保留了建筑生成的过程，从而有着强烈的视觉冲击力（图5-15）。

图 5-15(1)

图 5-15(2)

图5-15　哈迪德设计的维特消防站（中央美院建筑学院02建筑班　王志磊，邹家保／制）

　　建筑表皮在古典时代可以理解为建筑的立面，柯布把表皮理解为建筑体量的表面处理。建筑表皮成为当代建筑学的概念，开始了独立、自治和成为事件主角的阶段。玻璃作为表皮的材料给空间创造带来了极大的自由，透明或半透明成为建筑表皮创作的领域，建筑立面不再只有大开大合，虚实对比这样的处理手法。此外用拼贴的手法，将不同材料拼接到一起形成立面构图；以遮阳设施如百叶窗作为立面装饰构件；以平面视觉传达设计元素等进行玻璃的印刷处理，等等，都成为探讨表皮抽象形式语言的可能性。在细节处理上，洞口窗户与墙的关系，也是要在这一阶段考虑的：窗户与外墙面平齐形成紧绷的表面，还是与内墙面找齐，突出结构的构件；用开洞表现墙体的厚度，还是以玻璃表现轻盈。

图5-16　库哈斯设计法国巴黎的达尔亚瓦别墅（引自《当代世界建筑》刘丛红等／译，机械工业出版社）（分析图引自王维，周吟的"大师作品分析"报告）

　　库哈斯以拼贴的手法，在设计中融合了建筑史上各种著名建筑构件、元素和概念

图5—17　Jean Nouvel设计的德国科隆的媒体公园项目（引自《当代世界建筑》刘丛红等／译，机械工业出版社）

建筑表皮的处理表现了建筑对广告和消费形成的城市形象的适度尊重

图 5—18

图5-18　从市区到汉诺威博览会轻轨专线的沿途各车站，以统一的造型形成标识符号，又用各这种表面材料区别设计

● 建筑入口

　　赫曼·赫兹伯格在《建筑学教程：设计原理》一书中提到：在设计每一个空间和每一个局部时，当你意识到领域主张的适度程度，以及相应的与相邻空间的"可进入性"的形式时，那么你就能在形式材料，亮度和色彩的连接处表达这些区别，因而就创造出某种次序，而这又能使居住者和来访者更加清楚建筑物所创造的不同空间层次的氛围。场所和空间的可进入性的程度，为设计提供了良好的标准。

　　门是转换和联系不同领域主张之间的关键，它基本上构成不同秩序之间的交换与对话的空间条件。入口是室内外空间相互渗透的节点，是不同领域间的连接点与边界点，是室内外空间的相互延伸。交通是建筑入口的首要功能，入口作为一种建筑设施，它对外部的接触就像厚厚的墙对于私密性一样重要，建筑的入口具备开放性、归属感和标识性的特征。设计时要考虑人在入口处等候、迎送、整装、理容、遮雨、赏景等活动功能。入口的构成要素包括门、门廊、雨棚、台阶、坡道、铺砌，可能还有桌椅、灯具、植栽、水景、艺术品等等。图5-19为2003年的教师活动中心设计课程中，学生们设计制作的1:20的建筑的入口模型。

图 5-19

图 5—19

图 5—19

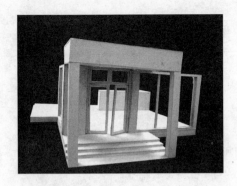

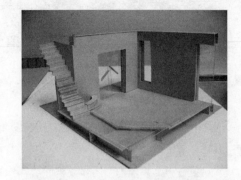

107

图 5—19

人在空间中的运动是具有先后次序的，空间序列的准则就是以此为依据，而入口就是空间序列的开始。别墅的入口作为一个家庭的私有空间和外部公共空间之间会合与融合点是我们应该关心的问题。首先是要创造一个欢迎与温馨的场所，进而转化为建筑的好客。作为过渡空间，也被称为"灰空间"，"两者之间"的概念是消除不同领域要求的空间之间鲜明划分的关键所在。阿尔托在设计玛丽亚别墅的主入口时，在形式上采用了自由曲面的雨棚，形式与肾形泳池和画室地面景观形成呼应，材料用的是当地的木材，竖向的线条与室内的自由立柱形式相呼应。门厅与室外的高差既产生了节奏，也使空间关系上处理得自由活泼且有动势与连贯性。结构构件巧妙地化为精致的装饰，于是在近人的尺度上体现了建筑对人性的关怀。

(1) 主入口

(2) 外观

（引自《a+u》1998年6月临时增刊"ALVAR AITO HOUSES — TIMELESS EXPRESSIONS"）

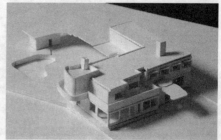

(3) 模型（中央美院建筑学院02建筑班 李国进，罗宇杰／制）

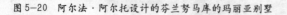

图5-20 阿尔法·阿尔托设计的芬兰努马库的玛丽亚别墅

第六章　最终成果——学生作品自述与教师评语

学生：张玉婷　　指导教师：韩光煦

　　最初的构思就是要使别墅与地形形成对话。设计是由基地开始的，沿用张永和在"长城脚下的公社"项目中"二分宅"的基地，一块向阳的坡地。我关注景观的方向、房屋与坡地的关系，还有植物的围合。我的最初设计是直接与地段发生关系的模型设计过程。由于考虑基地上下坡进入房屋的可能，形成了五边形的造型元素。五边形到菱形的演变过程以及由此形成的空间之间组合的研究，是设计过程、图纸表达、模型制作的主要内容。

张玉婷

在一个复杂地形上做一个复杂体形的设计是非常有难度的，尤其是对一个二年级学生来讲，但张玉婷同学表现了相当成熟的驾驭能力。作品造型独特，内外空间布局合理，突破了常规。其设计的多面体组合和造成的异形室内空间，给图纸表达和模型制作都带来了难度，但她做到了，而且达到了一定的深度，难能可贵。

教师评语

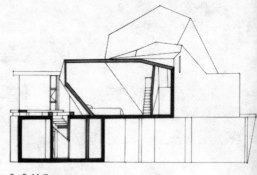

2—2 剖面

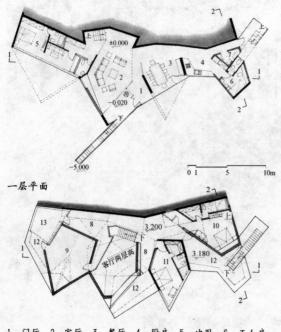

一层平面

0 1   5   10m

二层平面

1．门厅 2．客厅 3．餐厅 4．厨房 5．次卧 6．工人房
7．卫生间 8．走廊 9．工作间 10．卧室 11．卧室
12．阳台1 13．阳台2

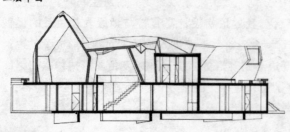

1—1 剖面

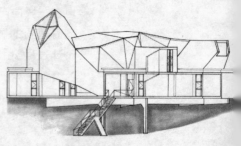

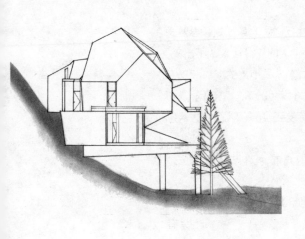

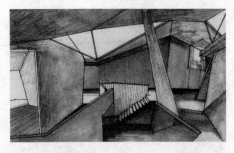

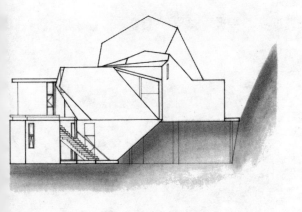

学生：郑娜　　指导教师：傅袆

......地下的埃乌萨皮亚也进行改革，并且这些改革都是深思熟虑的，......听人说，死人的埃乌萨皮亚能在一年之间变得让人认不出来，而活着的人，为了赶上潮流，......也要做一做。于是地上的埃乌萨皮亚就模仿地下的姊妹城。人们说，这不仅是现在才发生的事：事实上，是那些死人按照地下城市的样子建造了地上埃乌萨皮亚。还有人说，在这两座姊妹城里，没办法知道谁是生者谁是死者。

——卡尔维诺《看不见的城市.城市与死者 之三》

阿尔吉亚与别的城市的不同之处在于她用泥土代替了空气。街道完全被垃圾充满，泥土在房间中被填到了天花板，每一个梯级上另有一个楼梯相反的放置着......总之，她是黑暗的。

——卡尔维诺《看不见的城市.城市与死者 之四》

一束光暗示了一个世界
你只看到了有光的地方
却无法判断黑暗的边际在哪

业主要求：
 1．空间要能引发思考，而并非功能的堆叠。
 2．大阳台：最大限度的感受自然之大，之无法掌控。
 3．卧房：要求相对安稳。是对于"不稳定"的平衡。
 4．基地：位于悬崖或视野开阔之地。
这是一个人居住的房子，是用于工作与思考的地方。

业主对于物质条件要求较少，这促使我们去讨论别墅在精神方面的要求：业主对于"不稳定"有强烈的心理要求。对于不稳定的事物充满了好奇、恐惧和想像力。希望能最大可能的感受"未发生"但"即将发生"的事物，"不稳定"具有无限潜能。

"已知光线"代表可见事物，结束的
"黑暗"代表未知的未可见事物，继续的
"黑暗"是创造的源点......
感受"黑暗"，感受黑暗的"未知"与"不稳定"
令人联想到"死亡"与"墓地"
墓地是负向的城市，是一个对不存在加以赞美的疆域

死者既存在又已消失

正如墓地作为城市的"阴灵"，它寄居在
不同的地层里，

标志着城市的持续存在

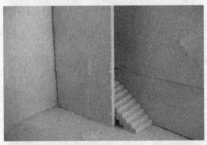

陵墓的气氛在我看来最能表述这个别墅
的精神气质

设计的是光（可见的形式），

然而，

它所要表达的却是黑暗

是继续与思考

光是线索，黑暗是主题

由空间的对应性（实体与虚体）以及碎片，

去完成可见的形式

将其不可见的"黑暗"留给使用者

黑暗，是创造的源点……

长而幽暗的通道带来了陵墓的气氛。它
正在编织着整个故事，成为空间发展的线索。
在这所别墅中，逐渐向下的通道编织起了关于
"光明"与"黑暗"、"生活"与"死亡"的故
事。沿着台级的通道向下逐个进入生活空间、
工作空间、思索空间，越来越暗，也越难把握。
这使得房屋的主人逐渐走向自己的内心世界，
从看不到世界的地方思索世界。

郑娜

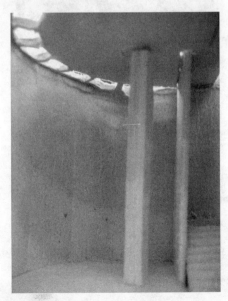

郑娜的设计表现了一个完整的设计过程，
从开始的功能设定，到摘自卡尔维诺《看不见
的城市.城市与死者》中的文学表达，贯彻到
设计的过程中，以及最终的成果。一个意在笔
先的作品，尽管观念有些个怪诞，但又很有哲
理，最终的纯粹而极端的结果所体现的一贯性
就是她作品的成功。

教师评语

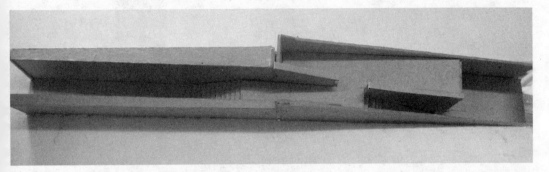

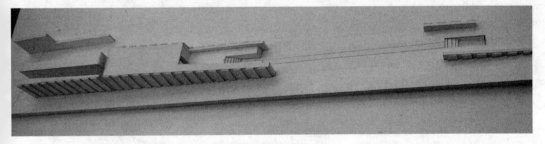

别墅设计 2005.1

设计突出了交通空间的重要性.虽然大家普遍认为在别墅设计中,交通空间应当被编织隐没在功能空间中,过多交通空间将会造成浪费.然而有时交通空间却在编织着整个故事,成为空间发展的线索.在这所别墅中,逐渐向下的通道编织起了关于"光明"与"黑暗","生活"与"死亡"的故事.于是,通道占据了大部分空间,带来了一种陵墓的气氛.沿着台级的通道逐个进入生活空间,工作空间,思索空间,越来越暗,也越难把握.这使得房屋的主人逐渐走向自己的内心世界.从看不到世界的地方思索世界.

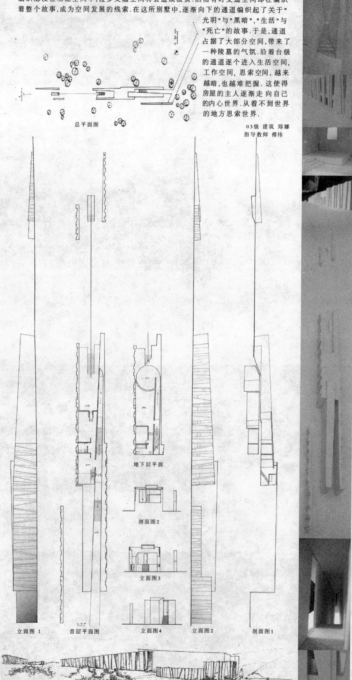

总平面图

03级 建筑 郑娜
指导教师 傅祎

地下层平面

剖面图2

立面图3

立面图 1　　首层平面图　　立面图4　　立面图2　　剖面图1

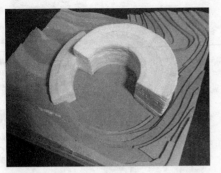
最初的构想

中期草模

学生：孔祥栋　　指导教师：黄源

温文尔雅的书生面相，古色古香的仪表气态，我之所以叫她做幼菊，不仅仅是因为她处在一个乍暖还寒的山野环境里，青山绿水的环绕，只是增添了淡而脱俗的气氛，却说明不了她内心的细腻，温和与开朗，她很腼腆，是悠闲的智慧，她很顽皮，是热烈的太阳，她静静地等待星星的眼睛与凉凉的月上枝头，挺胸回望，侧目微笑。

我的别墅要的是一个有院子的围合，是内向的，以家庭为中心的，在外面看来是坚不可摧的，所以做了第一个异心套圆的方案。这个方案有很好的空间变化，但却有难以弥补的不完整感，于是我改变了形式但保留了核心内容。别墅的体量是根据地形和地势的客观条件得出的，有意避免了对当地自然资源的破坏，保护周围的树木。别墅根据功能分区分为两个翼，左侧是休息与工作、娱乐区，右侧为餐饮区。别墅相对内向，与山势形成互补关系，其中几个垂直的角是别墅的构架起点，解决别墅定位的不确定性。所有的功能分区都是严格按照建筑外形进行划分，中间交叉部分是公共娱乐和休息的场所，它是别墅的核心部分，贯通餐饮和休息工作场所的同时，二楼的处理使一楼和二楼有了一个相对独立又紧密联系的关系。从主卧室小楼阁的出挑大玻璃窗和一楼酒吧的出挑小窗是别墅看风景的眼睛。

孔祥栋

规定基地就是要有一个真实的环境，可能不完美，但学习的就是处理这种不完美的能力，孔祥栋同学表现了这样的能力。他的方案经过了四五轮的修改，每次都能在短时间里做出明确而有力的调整，所表现的深度甚至超过有些同学的最终成果，他的最终的成果体现了家的气氛，一些地方特点，简洁而明确。

教师评语

117

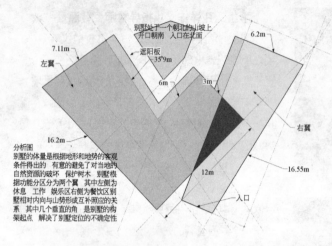

别墅处于一个朝北的山坡上
开口朝南 入口在北面

7.11m

左翼

遮阳板

35°9m

6.2m

6m

3m

右翼

16.2m

12m

16.55m

入口

分析图
别墅的体量是根据地形和地势的客观
条件得出的 有意的避免了对当地的
自然资源的破坏 保护树木 别墅根
据功能分区分为两个翼 其中左侧为
休息 工作 娱乐区右侧为餐饮区别
墅相对内向与山势形成互补照应的关
系 其中几个垂直的角 是别墅的构
架起点 解决了别墅定位的不确定性

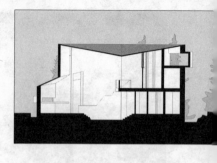

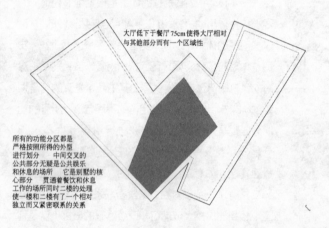

大厅低下于餐厅75cm使得大厅相对
与其他部分而有一个区域性

所有的功能分区都是
严格按照所得的外型
进行划分 中间交叉的
公共部分无疑是公共娱乐
和休息的场所 它是别墅的核
心部分 贯通着餐饮和休息
工作的场所同时二楼的处理
使一楼和二楼有了一个相对
独立而又紧密联系的关系

小型建筑设计课程

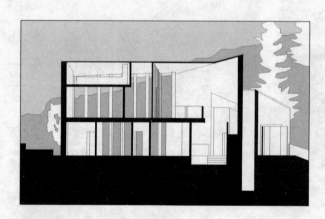

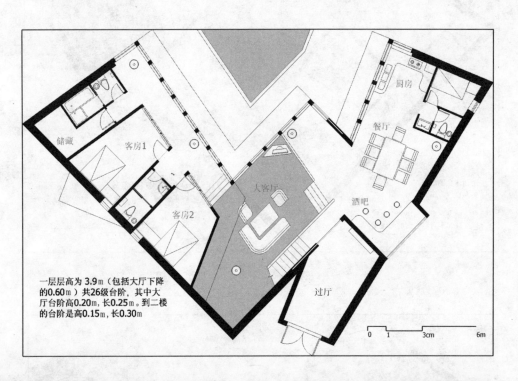

储藏

客房1

客房2

大客厅

厨房

餐厅

酒吧

过厅

一层层高为 **3.9m**（包括大厅下降
的**0.60m**）共**26**级台阶，其中大
厅台阶高**0.20m**，长**0.25m**。到二楼
的台阶是高**0.15m**，长**0.30m**

0 1   3cm   6m

119

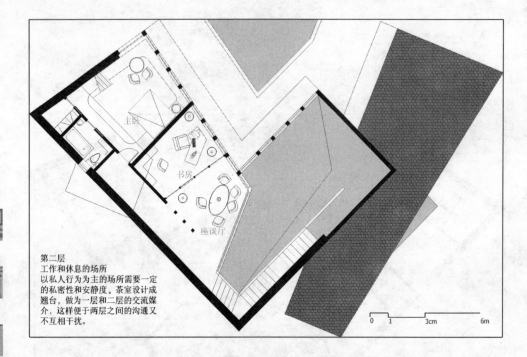

第二层
工作和休息的场所
以私人行为为主的场所需要一定
的私密性和安静度。茶室设计成
翘台，做为一层和二层的交流媒
介，这样便于两层之间的沟通又
不互相干扰。

主卧

书房

座谈厅

0 1   3cm   6m

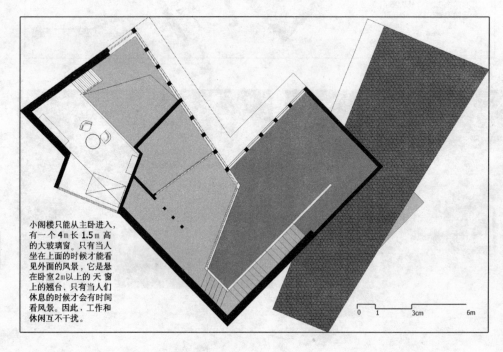

小阁楼只能从主卧进入，
有一个 4m 长 1.5m 高
的大玻璃窗，只有当人
坐在上面的时候才能看
见外面的风景，它是悬
在卧室 2m 以上的天窗
上的翘台，只有当人们
休息的时候才会有时间
看风景。因此，工作和
休闲互不干扰。

0 1   3cm   6m

学生：陈卓　　指导教师：王铁

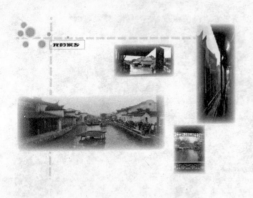

草图
PINGMIANTU

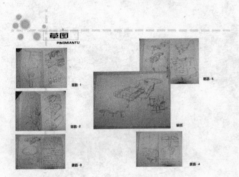

中期

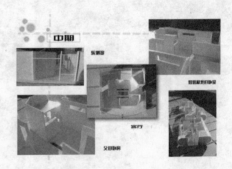

平面图
PINGMIANTU

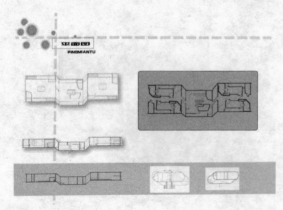

局部 平面图
PINGMIANTU

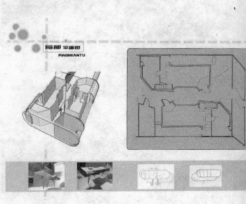

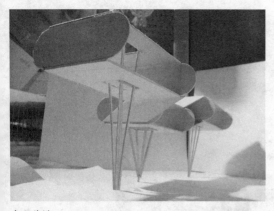

中期草模

这是为我家人而做的别墅,从小我们全家就没有机会居住在一起。因为我是家中超生的男孩,所以只能在乡下与奶奶生活在一起,然后就离开老家到外地求学,父亲在国外经商,母亲在老家上班,姐姐也在外地求学。我希望设计个别墅,全家能团团圆圆地生活在一起,尤其是父母年老退休之后。我选择基地必须是一个能感动全家的地方,那一定是我的家乡温州,江南水乡,小桥流水,白墙黛瓦。童年居住的乡村以廊桥闻名,风雨无阻在里面嬉玩,趴在廊桥的栏杆上看雨和湖里的莲花是童年的记忆。莲花和廊桥成为我设计的两个元素,但我希望更多表达的是一种精致而非简单的造型,雨从窗户玻璃上滑落,雨水从不同高度滴落的声音……

陈卓

陈卓对中国传统建筑文化的尊重,是取其意而去其形。作品很有意境与激情,其动画部分更精彩。就如他在解释作品时提到:"记得有位建筑师说过建筑在乎外表,更多却在乎行进在期间所体会的空间、尺度与意境"。有这样的认识并依此行事,对于初入道者,难得。

教师评语

123

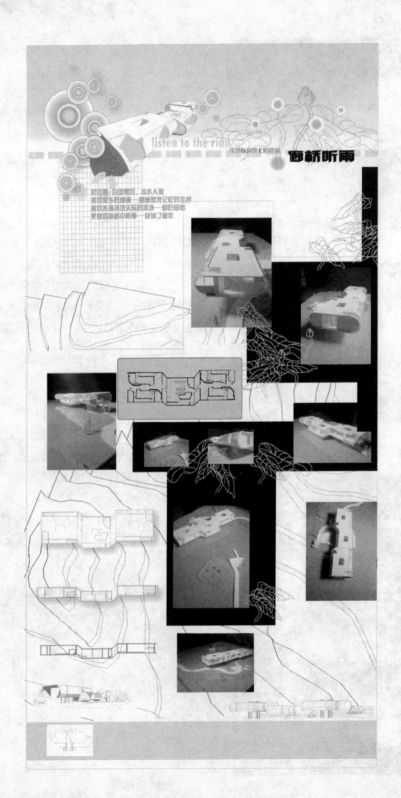

小型建筑设计课程

listen to the rian

廊桥听雨

学生：张磊　　　指导教师：傅祎

- Lover
- 为什么
- 翱翔天空 没有空气阻挡
- 潜游海底 亦无水流羁绊
- 为什么
- 在你怀里 可以轻轻地依靠
- 你安静的肩膀 令我忘记疲劳
- 是阳光般温柔的目光吗
- 抑或是抚摸时柔软的双手
- 是没有生命的寂静港湾吗
- 还是贴身的舒服的衣裳
- 我放松的去触碰
- 原来
- 她 是体贴我一生的情人
- 带我永远的远离
- 烦恼和忧伤

（注张磊的诗）

- 何时
- 你
- 在飘渺的天空中
- 飘 坠落
- 那片蓝色的土地上
- 你让我抚摩
- 感觉没有伤痕
- 你让我自由的穿梭
- 我看见
- 晶莹剔透的露珠轻轻地
- 在你脸旁滑落
- 你笑了
- 你说 你是太阳的化身
- 我冰冷的心慢慢融化
- 你说 你将永远地陪伴我
- 不再让我哭泣
- 永远守护着我 不再让我孤单

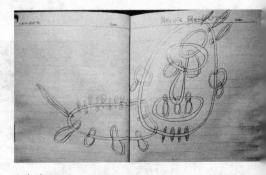

女友的画

张磊的画

- 为什么 我问
- 你轻轻地在我耳边轻吟
- "你是我一生的恋人"
- 我抱着你
- 吻你温暖的唇

(注，张磊女友的诗)

业主的要求

- 1. 没有棱角
- 2. 没有楼梯
- 3. 一层娱乐场所；顶层画室，还要一个游泳池（别人看不到）
- 4. 要一个家庭电影院（要有电影院的气氛）
- 5. 房子中间要一个小型花园（最好可以养鱼）
- 6. 晚上在室内要直接看到星空
- 7. 最好不要让人直接找到门
- 8. 厕所平面要是扇形的

业主对房子的感觉

- 要尽量适合业主，最大限度的融入自然
- 应该像她的情侣、安静、舒适、温馨、一生陪伴、保护。

第一次做有业主参与的设计，而且业主要求没有棱角，适合自己等特殊要求。我为这些设计要求带来的挑战而兴奋，由圆滑想到曲线，一开始着迷于圆、椭圆、弧线偶然构成的有趣的组合形式，当然功能适应地分布。然而这种筒状的空间不能令任何人满意。

在老师的提示下，我开始试着让建筑更纯粹。抛弃了可以复制的墙的概念，连续的洞穴或穹顶一样不规则的空间掩饰了自己的锋芒，房子像从大地上生长出来，这是符合业主性格的内敛，又是一种原始的回归。

然而有机空间形式的随机性和不确定性令我感到不安。在整体功能的前提下，我做了几次修改，甚至试图用黄金比例加以规范。然而，诗一样的空间是自然和直觉创造的，它的惟一性本身拒绝理性。

使概念明晰的过程是曲折反复的，甚至有过倒退。我承认有时需要舍弃自己的喜好，给房子作适应业主的改变。在此我反对柯布西耶的言论，建筑是住宅>机器。这是对使用者的"大建筑师"主义。我们称房子为"别墅"，而业主是称之为"家"的。它应该是独一无二的，

127

完全自然的，亲切温暖的，有生命力的。这时"现代主义"、"后现代主义"都已无足轻重，甚至有机的思想也是基于"以人为本"的社会理想之上而绝非形式理论之上。

希望我的努力能换来使用者的兴奋。只可惜方案到最后还不够完善。

张磊

张磊完全的按造业主（他的女朋友）的要求设计方案形体与空间，她要求别墅没有棱角，没有楼梯，可以看到星星的屋顶，要求很具有画面感，于是他选择了以曲面为主的有机形态。这在制图和模型制作上对张磊构成一个考验，他花了几天时间尝试学习电脑软件来表达他的模型和图纸，因为觉得效果太粗糙，最终他用雕塑泥做模型，还在内里安置了灯具，效果很不错。课程开始的时候，张磊和他的女朋友互赠的诗画，表达彼此对别墅方案和未来生活的感悟，听起来和看起来像是彼此爱情的记录，很让同学们羡慕，我想这样的课题会让张磊记一辈子的。

教师评语

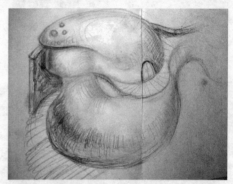

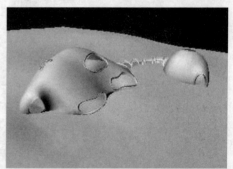

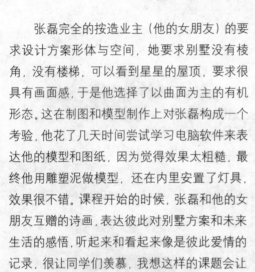

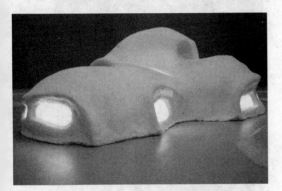

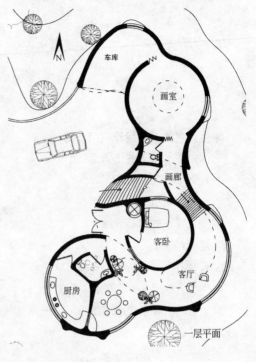

车库

画室

画廊

客卧

客厅

厨房

一层平面

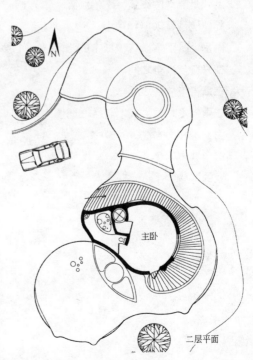

主卧

二层平面

129

小型建筑设计课程

学生：封帅　　指导教师：傅袆

在雨、水和雨水的纸张上，
我写下不朽的诗行
雨，这个城市惟一的元素
雨，在城市的内心连绵
这是我对这个元素的惟一概念
没有北方
没有北方的老实、空旷、从容和大方
只是对这个城市最脆弱的证明
水，在这里
水，在这个城市的心脏
托起水，到处是水
到处是流动的细腻，水的细腻
到处流动着软弱和矮小
雨水，是泪水，这个城市的感情
在兴奋与兴奋之间
在痛苦与痛苦之间
在雨与水之间，在水与雨之间
雨，水和雨水
这个城市的全部
我的解释

不敢面对自己

也找不到出口

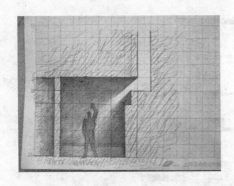

我的设计说明

城市：

宜昌是一个平淡而阴郁的城市。天空的主色调是灰色，人们的视野被束缚在柔软而狭小的丘陵中，只有在长江之滨才能远眺对岸的群山。

雨，是这城市重要的元素，它是该城的泪水，泪水也淡而无味。

人：

江滨别墅为业主与他的父母共有。业主习惯的生活方式常常自省，与外界相对封闭，外表粗糙但是内心细致。

黑暗朦胧的一层大厅充满过去的记忆，父母的卧室处于停滞的半层，室内的天窗隐喻特殊的希望，二层业主的画室用面向雨水的天窗作为终点，也与父母的卧室相呼应。

形式：

完美正方的外表单纯，而内部却不断丰富，这是设计者的生活态度—用追求完美的过程回复无法脱身的环境。

封帅

二层平面图

客房 厕所 客房 下 上 业主卧室 画室 书房

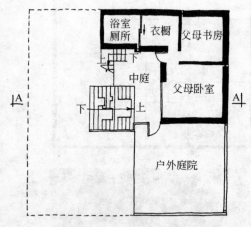

半层平面图

浴室厕所 衣橱 父母书房 上 下 中庭 父母卧室 下 上 A 户外庭院

　　封帅以同班同学为业主对象，基地选择在同学的家乡武汉市内长江边上，"雨，是这个城市重要的元素，是这个城市的眼泪，却淡而无味"，这是他对环境的认为。"不敢面对自己，却也找不到出口"，这是他对别墅室内气氛的定位。敏感和执着的封帅，以完美正方形作为设计的图形发端，执着于其功能平面布局与完美正方形的契合，执着于立面开窗、留缝的方式、屋顶的细节，执着于建筑内部空间完美与激情，坚持外观的朴素和不张扬，配合他对基地状况和城市感受的分析，他要使他的建筑混迹于市。在第一个课程设计里，封帅所表现出的对细节设计的着迷、对环境条件的响应、追求原创的激情与能力、不盲从教师的建议，着实非常的难能可贵。

　　　　　　　　　　　　　教师评语

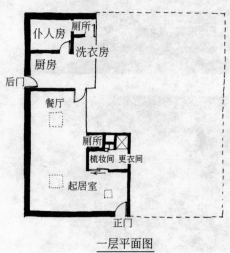

一层平面图

仆人房 厕所 厨房 洗衣房 后门 餐厅 厕所 梳妆间 更衣间 起居室 正门

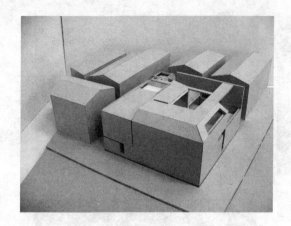

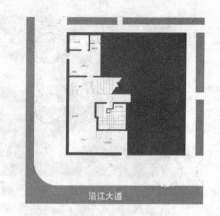

沿江大道

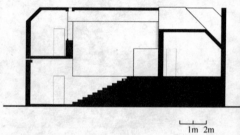

1m 2m

A—A 剖面

客房	起居室	浴室	书房
		2.40	

卧室 　　上　　父母卧室

上　庭院

画室 3.30　　书房 3.80　　阳台　2.30

134

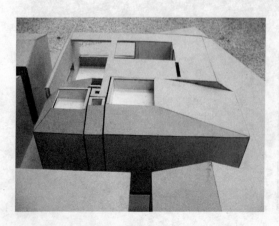

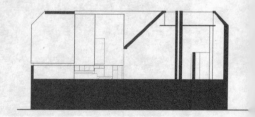

中期草模

学生：苏迪　　指导教师：傅祎

一个可以自由组合的房子

一个可以随时带走的房子

一个可以体验大自然的房子

一个有着五颜六色的房子

一个住着五个孩子的房子

　　随着孩子们的成长，所需要的空间不断的变化，相同大小可以拆卸随意组合的房间，既合适群体居住，又合适独自居住，对于不同年龄的五个孩子来说可以随时调换。房间内的鲜艳颜色有助于孩子们智力的发展。全透明的围合空间和全开放的方式给人以一种空间若有若无的虚幻感，而且可以更好地体会大自然。

苏迪

　　苏迪坚持要做一个与众不同的设计，在一个大空间里，可以自由移动的小空间模块，而大空间本身的地面又可以滑动，这一点他做到了，苏迪力争使自己的方案合理而完美，也感到了所学知识还不够应付这样的局面，这样的情况在学生中每年都会出现，无论是技术手段还是基础知识的传授，跟不上学生想要的。这另一方面倒是好事，对于一些能力强的同学，激发了他学习的能力。苏迪请教了结构工程师，又自学了一些结构方面的基本知识。在最终的图纸和模型的表达中，这是其中一个重要的方面。我们还讨论到了外墙的构造问题、木结构外墙与玻璃窗的连接问题。苏迪追求完美，力求做到最好的那份坚持，让我感动。

教师评语

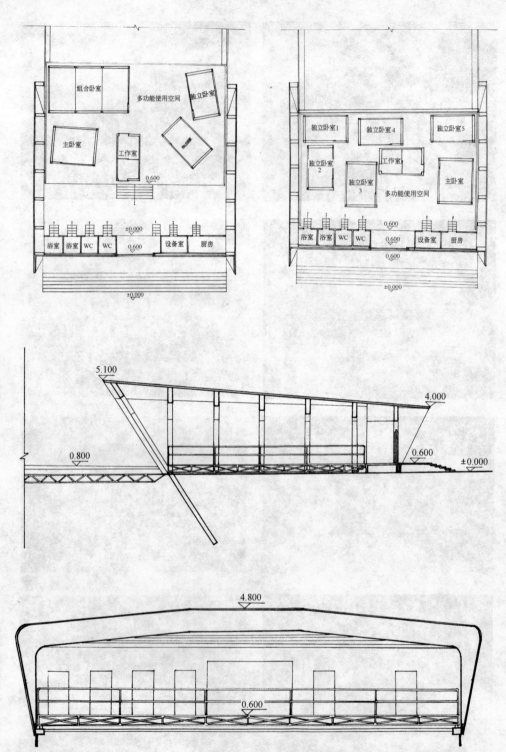

組合卧室　　多功能使用空間　独立卧室

主卧室　　工作室

0.600

±0.000

浴室　浴室　WC　WC　　　設備室　厨房

0.600

±0.000

独立卧室1　　独立卧室4　　独立卧室5

独立卧室2

工作室

独立卧室3

多功能使用空間

主卧室

0.600

浴室　浴室　WC　WC　　　設備室　厨房

0.600

0.600

±0.000

5.100

4.000

0.800

0.600

±0.000

4.800

0.600

小型建築設計課程

学生：李楚智　　指导教师：张宝玮

此别墅以业主旧有的湘西情怀为出发点，高山、溪水、林间、竹木、石板、吊脚楼无一不散发出乡村浓浓的纯朴气息，自然朴实但又除却民间的俗味。别墅一层为主要活动区域，二层为休息场所，地下室为娱乐休闲区。有溪水从一层空间流过，并在地下室形成瀑布。地下茶室可以听水声，品茗香。其中作有陋室铭曰：

屋不在大，吊脚则灵。

饰不在贵，自然则行。

斯是别墅，可以静心。

屋旁野草绿，溪水侧耳听。

陪伴有山水，且无吵闹声。

可以赏花香，闻鸟鸣。

无都市之喧嚣，无压力之劳形。

渊明南山屋，右军之兰亭。

住者云：岂不静幽？

经过两月的浴血奋战，别墅设计终于落下了帷幕。也许是首次设计，也可能正因为是首次，我们都非常投入，非常卖力，也非常累和辛苦。

在这次设计的过程中，最要感谢的是我的指导老师张宝玮教授，是他对我的循循善诱和细心教诲才有了此别墅的面目。再要感谢的是傅老师对整个课程的精心安排和老师们对别墅认识及基本知识的详细讲解。通过了这么一次系统的别墅设计，老师们把我引进了建筑设计的大门，使我全方位地了解了设计建筑的基本内容、形式、流程和设计思考的方式，也让我深深地体会到了建筑这一学科系统的复杂性、艰难性。这次设计给了我一次预演的过程，使我对走设计这条艰辛的路有了心理准备。

正是有了这次设计，长沙一老板看了我的作业后，对我信任有加，寒假期间他将叫我给他设计别墅。这也是我在建筑设计方面走进社会实践的第一步，很显然也是我进一步学习的好机会。我将向相关领域的专业人士虚心求教，细致深入地进行实践，在实践中运用所学知识，同时补充新知识。不管这次设计建成与否，我想定会使我的专业又上一台阶。

李楚智

139

在众多的学生作品中，李楚智的作品几乎是惟一的比较完整的表现传统民居特征的别墅设计作品，建筑风格植根于他的家乡背景，并且内部空间处理得非常丰富，建筑与基地条件也非常契合。

教师评语

中期草模

中期草图

中期草图

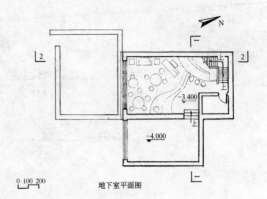

0 100 200

地下室平面图

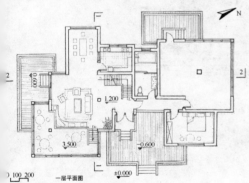

一层平面图   0 100 200

南立面图   0 100 200

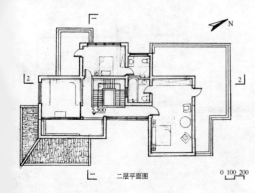

二层平面图   0 100 200

0 100 200   北立面图

0 100 200

西立面图

东立面图

0 100 200

0 100 200

剖面图1

剖面图2

0 100 200

学生：王铮　　指导教师：张宝玮

没有脚的鸟

我今生仅做一件事那就是飞翔

因为

我是一只没有脚的鸟我可以飞得很高

直到天空模糊了我的翅膀

我也可以擦过你的肩头

而不去在意你的迷茫

我可以用身体的轨迹

分割整个天空

我也可以在你飘忽的眼神中

保持我的从容

但是我却不能停下

倒不是因为我的坚强

生命中仅有的一次着地

就是死亡

风中的砂石剥离我的发肤

山脊的云雾湿润我的眼睑

大雨洗尽了我翅膀的颜色

闪电使我坚定的目光开始闪烁

注定我要像太阳一样

随着黑夜死去活来

要像天空一样

消亡在地平线以外

我是一只没有脚的鸟

所以

我今生作惟一的事就是飞翔

小型建筑设计课程

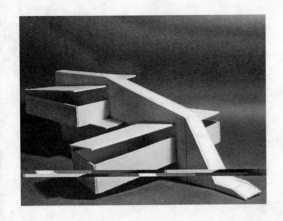

我的业主是一个单身男性青年教师，我给他讲了没有脚的鸟的故事，他说故事很符合他的现状：一种迷茫、一种孤独、一种疲倦、一种欲罢不能。我们也乐观地分析道：没有脚的鸟可以有不错的视野，流畅的飞行路线，以及鸟儿天性的自由。还有，虽然生命短暂又不可逆，但是与其行尸般地苟活，不如作一回没有脚的鸟，无忌地飞翔直到死去。

业主意见：

1. 别墅最好两层或两层以上，有一个游泳池

2. 房子一定要有不错的视野

3. 要安静，有一定的私密性

4. 房间要有良好的采光

5. 喜欢浅颜色

基地描述：

基地位于小镇边山的一个小山岗上，小山岗相对高度在30m左右，坐北朝南，站在上面可以看到全镇的风景。小山岗顶部有两块比较宽阔的平地(A、B)，高差为3～4m，其相互关系呈梯田状，周围是小树林，成年树高9～10m。

"没有脚的鸟，一生中惟一一次着地就是死亡。在时间的瞬间，空中定格的是鸟张开怀抱的姿态"，于是以这样的形态开始方案的设计，设计没有用围合这样的手法，这会让人联想到"圈地"、"割据"这样粗鲁的词汇。完成中期成果之后，发现"没有脚的鸟"一定程度上束缚了设计，于是在方案造型上作了调整。选用方形，人们习惯的一种形态，但会有单调的感觉，于是在细节上进行设计，这是个反复推敲的过程。

145

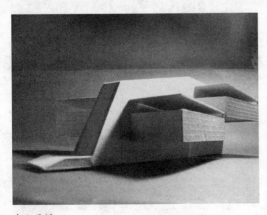

中期草模

王铮

王铮的造型能力很强，方案构思也不错，但是对自己的方案缺少自信，总是希望得到老师的肯定。曾经在过程中看到其他同学的中心围合式的布局可以获得便捷的交通和内部空间的交流，而质疑自己的方案。孰不知长长的走廊串起不同的空间正是他的方案的特点。本来建筑问题的解决方案就不是惟一的，不能以己之短与人之长相比较。提高眼界，加强专业的自信，可能比会做设计更重要。

教师评语

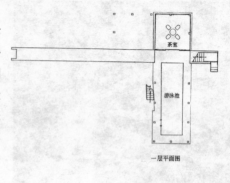

一层平面图

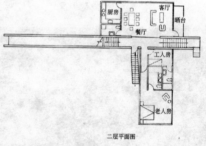

二层平面图

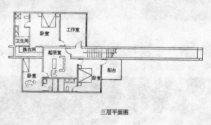

三层平面图

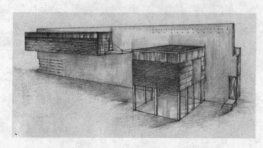

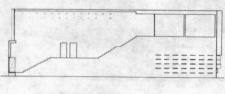

剖面图

学生：孙敏　　指导教师：黄源

初次看到题目就想为自己做一个家，就像最后的标题一样。自己就是业主，我的基地选在长城公社张永和的二分宅基地上。它背靠燕山山脉，地势略带斜坡，我想让我的家与地面既形成对比又赋有依附的关系。我的初步设想是：用一个X型的楼梯连接两个长方体，在水平方向平行，在垂直方向交叉的两个长方体，一个依附于地形，一个与地形背离。

别墅被分为两个主体，而两个主体之间又是相互穿插相互连接的。我的餐厅和主卧室是面向山外的，在绿树丛林中吃饭休息，别有一种回归大自然的感觉。由于与地面的关系使得别墅的墙都是垂直于地面的。地面是有斜度的，所以墙也都是斜的。楼梯是整个别墅的灵魂，贯穿着两个不同的主体。站在工作室的眺望台上可以看见所有的公共空间（餐厅、厨房、客厅、花房、后院等）。卧室设在最顶端，要经过一段很长的楼梯才能到达，因为卧室处于绿树环绕中，所以正面和背面都是通透的，透明的。从卧室的东面墙上开有一扇小窗，早上太阳出来照在床上，有种紫气东来的味道。

孙敏

方案的过程比较在方法上，从开始的体量关系，及建筑体量与环境关系的研究，到设计中期处理穿插体量间内部空间的关系，再到进一步的立面和细节设计，一步一步，稳扎稳打。方案对于体量和空间的穿插处理得比较好，可惜的是最后细节设计上，主要是立面开洞方式和窗户划分上没有加强，反而削弱了体量原有的关系。

教师评语

前期草模

前期草模

中期草模

中期草模

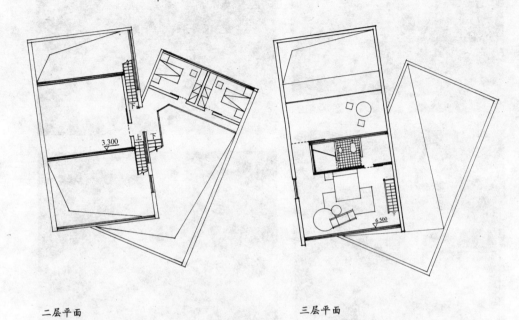

二层平面

三层平面

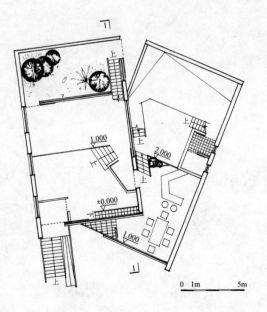

一层平面

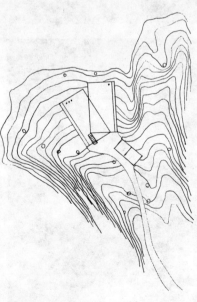

0 1m   5m

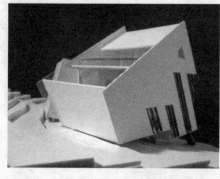

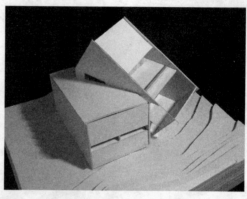

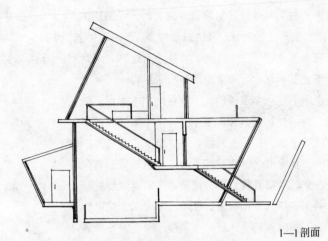

1—1剖面

0m 1m   5m

学生：王斌　　　指导教师：傅祎

这次别墅设计，地址选在了我最熟悉的地方，一个美丽的海滨城市——青岛。别墅的业主，是高中时对我影响最大的老师，我的班主任刘老师。在开始构思别墅的形式的时候，我的想法很多，无法下手。于是，在网上我与我的班主任交流：在一开始，我并没有让刘老师对想像中的别墅作具体的陈述和要求，而是请她用诗歌来形容一下她心中的感受。结果我老师说她不是一个浪漫的人，我在这个入手点上就遇到了困难！于是我就开始问她比较具体的要求了。其中最让我值得注意的是，当我问他希望哪个房间朝海的时候，她提出了一个苛刻的要求：每个房间都要冲海。我觉得这给我增加了难度，也是我的有利入手点。还有，我知道语文老师都喜欢看书，我去她家的时候到处都是书。那我就向她提出书太多了，有没有考虑在地上挖个洞，把书放到里面，这样还节省空间。她的回答是，我都有别墅了，不需要节省空间，一个真正爱书的人不会选择华而不实的东西。这些对我下一步的创作有很大的提示。就在我的方案构思课件制作好的当晚，我和老师在网上又相遇了。我又针对上次遗漏的问题作了补充提问。老师又提出要三个卧室，两个卫生间，然后要有很大的厅，因为过年的时候会有很多同学来看她。

这次别墅设计我是从外形入手，再过渡到室内。即先有了别墅的外部形态雏形，再划分内部的功能分区，随即根据内部的需要，外形上再做少量的调整。在这个过程中，最困难的就是内外结合那一步，因为这是感性与理性的结合点，也是外观与功能的结合点。一个好的建筑，不是为了装饰而装饰，它装饰的部分应该正是功能性的体现，而功能的分区恰好又造成了造型的美感。这就是一个度的把握的问题。能很好解决好这个问题的，必然是一个好的建筑师。所以我就为了更好地做好这一步，在电脑里用3D模拟效果，现实中用模型研究尺度。上课时与老师交换意见，老师帮助优化方案，课下自己再做调整，反正当时那个时期，闭上眼睛满脑子都是建筑。

距这个课题完成半年之后，我回过头来看，还是存在着很多的问题和不满意的地方。由于我原来从不看大师的作品，所以，导致我的空间划分的成熟度上有所欠缺，另外，我觉得个性化也不强。最致命的是我的内部空间的划分完全依赖于外部的形态变化，功能的分割都是建筑原有的墙，并没有更好的过渡空间以及空间的交错。每个房间略显孤立，这也是我现在的一点体会。

王斌

中期草模

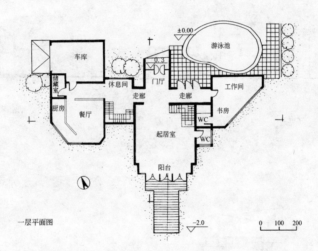

车库

储藏室

厨房

餐厅

休息间

门厅

走廊

±0.00

游泳池

走廊

工作间

书房

WC

起居室

WC

阳台

一层平面图

-2.0

0 100 200

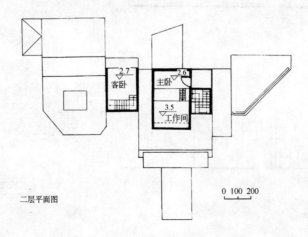

2.7
客卧

2.6
主卧

3.5
工作间

二层平面图

0 100 200

153

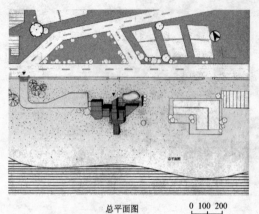

总平面图 0 100 200

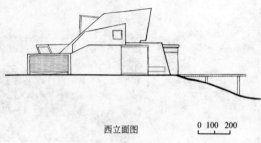

西立面图 0 100 200

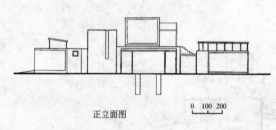

正立面图 0 100 200

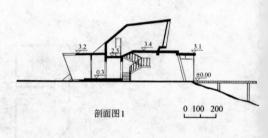

剖面图1 0 100 200

东立面图 0 100 200

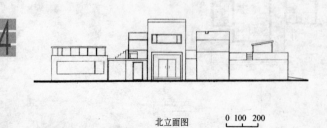

北立面图 0 100 200

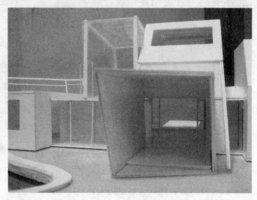

学生：唐璐　　指导教师：张宝玮

　　这幢别墅位于四川蜀南竹海的密林当中，背山面水，依山势而建。山上有水，别墅中开一条水渠将山上的水向下引入湖中。这幢别墅是主人闲暇时单独息居山林时用的，所以尽量远离人群。别墅没有设停车场，车停在远处，需步行入林进入别墅。从山下的湖边仰望，可隐约看见山腰上掩藏在竹间的别墅。

　　材料：别墅用的是清水混凝土，南方天气潮湿多雨，清水混凝土有良好的保温防渗功能和可塑性，配合别墅中规中矩的形象和宁静至远的感觉，符合此建筑本身所需的一种清幽姿态。

　　功能：卧室／书房／厨房／室外浴室／中庭／冥想室／午休室

　　别墅平面整体呈不规则的"T"字形布局，中庭和卧室在前方，中庭和卧室之间隔了一个通道，中庭面积很大，功能不一定，可以即兴发挥。它占了建筑1/3的面积，是用来给人感受这座建筑的地方。人从入口处一进来，首先看到的就是中庭，它是整个建筑的感情基调。中庭有顶棚，是混凝土平顶，并留出了一块天井，平顶与四周的墙之间留出了50cm的缝隙，可以让光直接照射到墙面。卧室呈上升趋势，床在卧室的最高处，卧室包括了私人的活动室和洗手间，卧室后面还有个很小的院子，南方的园林当中有很多这种小院子。卧室与中庭间隔了一条很窄很长的巷道，巷道尽头有一个种莲花的小池子。过了中庭，就是横在眼前的厨房和餐厅，它把后院的道路挤成了长条形，厨房餐厅共有两道门，厨房的窗户开在后部，成细长条状，可以看见外面连续的景色。厨房下部有个地下储藏室：由于别墅在山林中，与外界交通不频繁，因此需要储藏一定量的食物。厨房和餐厅一头连接着书房的厕所和浴室，另一头是落地观景窗。

　　书房呈"凹"字形，在别墅的左端，有一个夹层和一个露台。书房一反建筑其他部分的封闭风格，采用了大的落地窗，便于采光。书房对面即建筑的最右面，是冥想室和午休室以及室外浴室，这边属于一个完全修身养性的活动场所，所以离其他区域较远。长条的禅室空间试图营造出特殊的气氛，午休的房间与冥想室仅隔了一道折叠门，午休室一半对外界开放着，有一个露台和混凝土盒子般的金鱼池。中午在这里小息该是件很惬意的事。室外浴室是露天的温泉，用混凝土盒子包裹的空间里，有一个石制的方形浴池，在这里沐浴会有非常特别的感觉。另外，别墅有很多地方使用高墙围起来的，有拒绝外界事物打扰的意思。

　　这幢别墅原本是想按照中式的园林去布局，比如苏州园林，非常漂亮，但做出来后才发现不中不西的：没有中式的完全封闭，却出现了西式向外开放的样式(比如卧室和后院)。尺度方面,因为是给个人设计的,所以比较奇怪,甚至有些过火。

我想,这个私人住宅总也该有些特别的东西。

唐璐

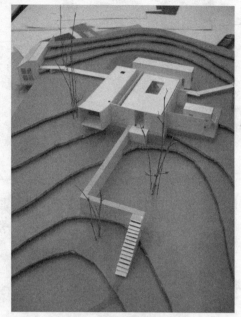

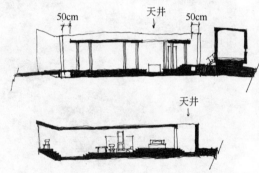

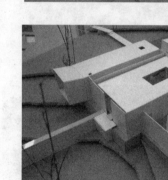

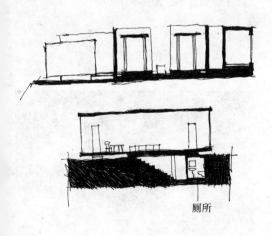

中期草图

中期草模

前期构思

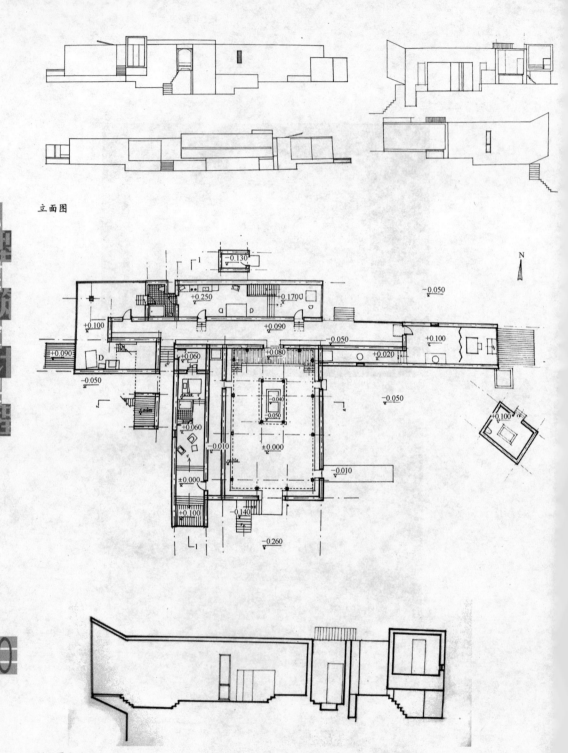

立面图

剖面图 1—1

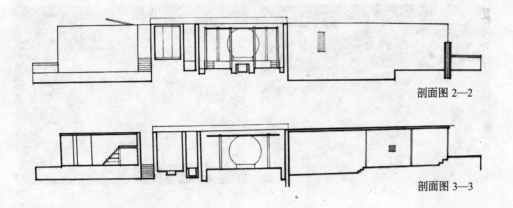

剖面图 2—2

剖面图 3—3

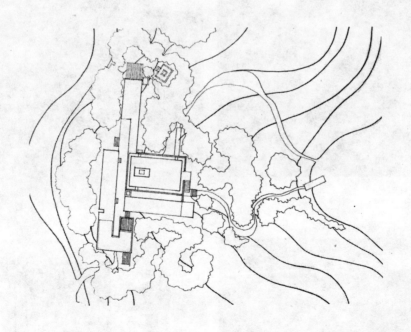

总平面图

学生：王文涛　　　指导教师：王铁

在设计中我从形式和概念出发，考虑功能及使用者的空间感受。

王文涛

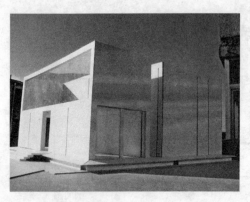

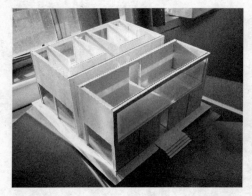

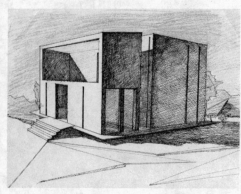

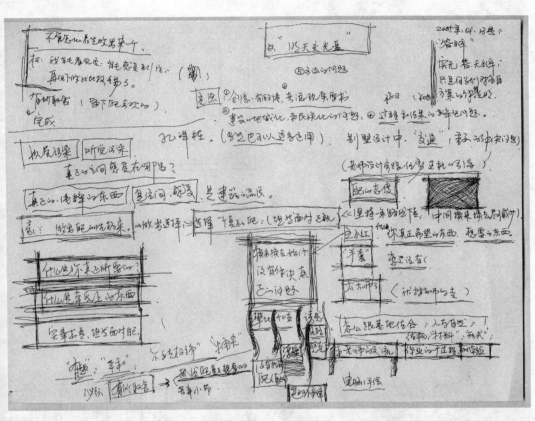

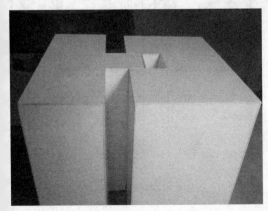

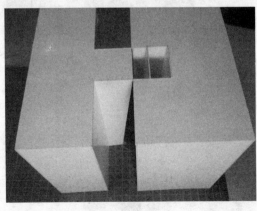

中期草模

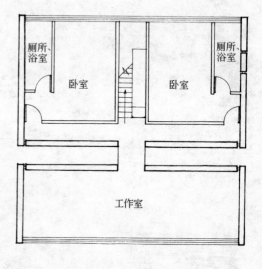

厕所、浴室

卧室

厕所、浴室

卧室

工作室

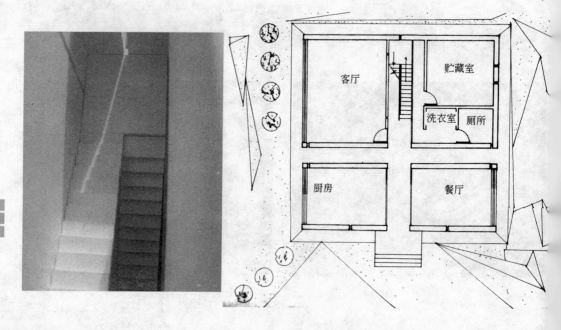

客厅

贮藏室

洗衣室

厕所

厨房

餐厅

中期草模

学生：柯銮　　指导教师：韩光煦

"——爸，我要为你设计个别墅。

——行，你想怎么作就怎么作吧。"

与业主的对话到此结束。

开始我得有个场地，并且落实它，我选择了泰山脚下我的家乡的一片地。如果有属性的话，泰山的属性就是石头的，庞大而不张扬。

我对场地的感情，就决定了我对设计的态度——谦虚的，对话的，亲切的。

天井，要有镇宅的石头；水池，有房间面对它。

第一份草图我把所有我感兴趣的东西都放在一起，不管怎么着先作出一个模型来，使想法成为一种实在，我能看到它，能感受它，再往下做就比较容易了。

自己心里喜欢的东西，一定要保存下来，希望我的别墅能反映出一种生长感和山石的属性。在有所取舍的情况下，把最初的想法保留下来，发展下去。

经过反复的修改终于达到了我预期的效果：与山的充分融合，与水的亲密接触，以及充满生命力的生长感。人是自然之子，建筑所能体现的终极的人文关怀就是以一种谦虚的态度融入自然之中。

柯銮

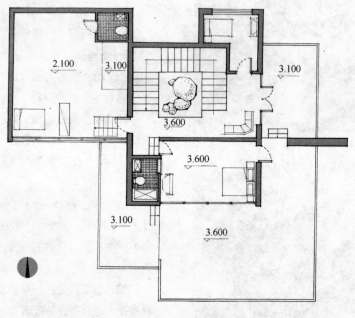

2.100　3.100

3.100

3.600

3.600

3.600

3.100

3.600

二层平面

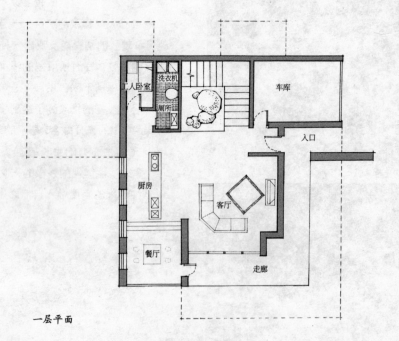

工人卧室　洗衣机

厕所

车库

入口

厨房

客厅

餐厅

走廊

一层平面

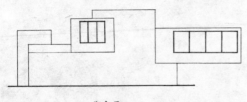

北立面

东立面

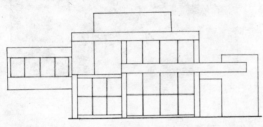

南立面

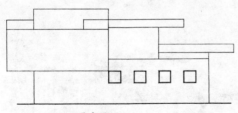

西立面

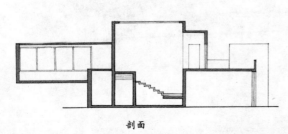

剖面

167

学生：刘柳　　指导教师：黄源

　　"假如我们生活在同一个城市，而在另一个城市中有一份比现在更好的工作，你会离开吗？"这是人生活在这个世界中面临的最大矛盾即生活与工作的冲突，女友的短信给我很大的启示，何不把这作为别墅设计的述求呢？于是我改变了将私密空间与开放空间分开的原意让两部分体块碰撞在一起，让人们去体味生活和工作的矛盾与融合，分隔与通透。

　　建筑固定于某一地区，设计者为该地区设计，建筑就应只适合该地区。但作为设计者要从这样的限制中解放出来，使环境为我所用，成为建筑自身不可或缺的部分，达到建筑与环境的高度融合。

刘柳

中期草模

中期草模

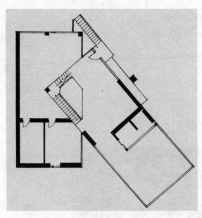

一层平面

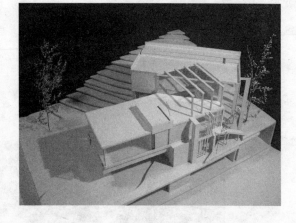

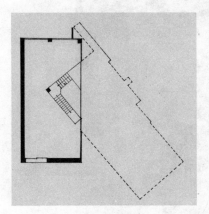

二层平面

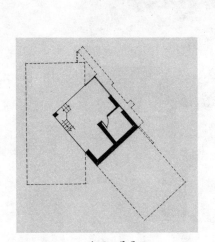

地下一层平面

学生：范尔朔　　　指导教师：傅祎

我的别墅设计"屏石居"正如其名，别墅建筑因由基地上两块巨石孕育而生，其中一块巨石被设计师设计成别墅入口的指向，另一块则为别墅内院的景观，别墅形体形成的双弧也是来自两款巨石的弧度以及其自然形态的延伸，双弧如同大自然张开美与爱的怀抱，使原本硬邦邦的建筑更富有亲和力。别墅通过各种材料材质的对比，使人感觉色彩丰富，在山谷树林中恰似那"万绿丛中一点红"使人眼前一亮倍感精神。巨石两侧的台阶就像是山间的溪水，从山上蜿蜒环石而下。横向的细长窗子仿佛是漂浮在巨石之上的朵朵彩云，使原本敦实重浊的建筑体一下子轻盈起来。身处市郊的山谷之中，面朝青山，背靠竹林，曲径通幽，世外桃源。这完全符合业主的职业——作家，以及他的设计要求——安静避世。

课题之初，我曾经沾沾自喜，因为自己的确有这么一块真实的"带有两块巨石"的基地可供使用，我也曾为提出为"边缘人"设计"边缘建筑"这一构想得意许久。但是到了真正进入方案具体设计时我却犯难了，本以为实实在在的基地会使设计更加拟真，显得很专业，但是这却给了我思路上多于其他同学的限制与考虑。"边缘"这个概念虽然很棒，但是这是一个比较虚的宽泛的词汇，以我当时刚刚入门的水平，难以将这个虚无缥缈的意思融进我的方案中，并再清晰地表达出来。虽然最后设计成果的效果我还算是比较满意，特别是平面形态布局以及材质的对比，但总觉得在这次设计中有所缺失，也许是原先的"边缘"变成了简单的融入环境，也许是两块巨石的关系与建筑体还是不那么的和谐，也许是没有一个"精彩"的"切入点"。

通过这次设计，我总结的经验就是：

1. 学生就是学生，应该做出自己的东西。借鉴大师的精神，学习大师的理论是可以的，但是不要盲目的抄袭大师的设计。

2. 犯些错误不要紧，学生时期就是用来解决错误的时候。

3. 要么就是做真题，要么就放开思维做不受限制的"乱想"，本人目前比较倾向后者。

4. 不要妄想在设计中显出什么高深的词汇，譬如"边缘"，因为你要将它转化为其他人可见的建筑语汇太难了，踏踏实实的设计更好些。

5. 在建筑设计中不需要融入过多的概念，多即是无，讲得多了就会显得关系暧昧，最后其实什么都没有，不如老老实实抓住一个精彩的概念，把建筑做纯粹。

6. 很重要的一点，多与老师交流，会得到更多启发，虽说设计领域没有真正孰强孰弱，但是老师至少比你见得多，眼界广，修养高，经验足。

范尔蒴

的确有这么一块真实的"带有两块巨石"的基地可供范尔蒴使用，但是面对真实的基地，他没有最大限度地体会和利用，化限制为创意，也许对于第一个设计来说有些难，但如果只抓住这一点，作为设计的切入，收获就不一样了。最后的模型配景：草皮和树木喧宾夺主，影响了设计主体的表达。

教师评语

小型建筑设计课程

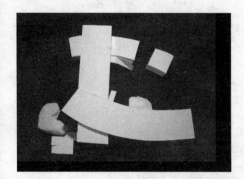

中期草模

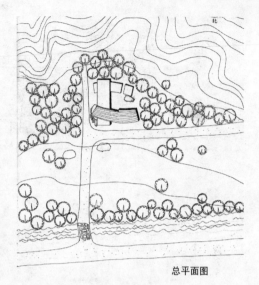

总平面图

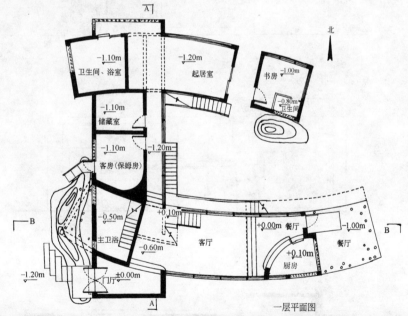

一层平面图

中期草模

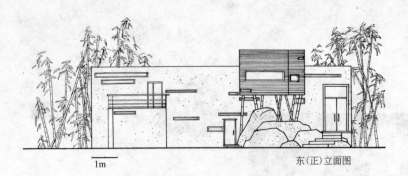

1m   东(正)立面图

1m   南立面图

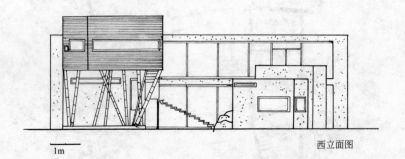

1m   西立面图

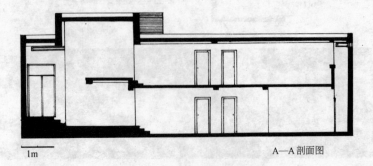

1m   A—A 剖面图

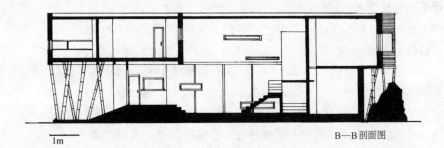

1m

B—B 剖面图

学生：李磊　　指导教师：傅祎

　　两个月的别墅课程对每个人来说是都是漫长的，同时也是短暂的。说漫长，是由于我们将在整整的 60 天里要把握好从方案构思到模型制作的整个过程，这样的过程对每一个人的思想和意志都是一种从没有过的考验，这么长的时间，如何能保持一个清醒的头脑，并始终保持热情。这是很重要的。说短暂，是因为我们可以通过作这次作业，来寄托一种情感，把做出的东西送给最想送的人，想想是多么浪漫而有意义的事情。想到这里，可能是当时内心最大的动力，我想每个人在开始时都会有一种动力，一个美好的憧憬，觉得花再大的努力也值得。

　　开始还看了很多的书，课程一下来，听了老师的讲解，才有了对别墅基本概念的认识，为了更好的挖掘个人想法，老师一开始就给我们提出了特殊的要求：第一，找一个业主；第二，就是写一首诗，画一张画，通过建筑以外的这两种形式来表达自己的想法，作为正式构思的一个依据和切入点，这样的切入真是巧妙，我想两位老师真是用心良苦啊。

　　交作业的前天，突然发现有可以再发展的地方，需要对部分进行修改，于是我的再次努力也可以算是"最后的挣扎"……最后的三天都没有睡觉，可算是圆满完成自己交给的任务。其实我觉得过程如何，艰难还是曲折，结果如何，单纯还是幼稚，我依然是带着最开始的想像，没有任何改变。通过这次的作业，我亲身体会到了一个方案从构思到完成的艰难过程和别墅本身所在的意义。

李磊

　　李磊的别墅是为一个名字中有月亮的女孩设计的，两年前他们是考前班的同学，但那一年女孩没考上。一年后，他们在美院的校园里重逢，李磊没有把握女孩是否还记得他，在李磊的眼里这是个单纯而努力、内向而含蓄的女生，他希望能为她做一个别墅，凭着他对她最感性的直觉，在为她设计的别墅里有女孩的影子。李磊的方案的选址非常有特点和不是太结合实际，但浪漫：窄窄的悬崖间，向下流淌着瀑布。在开始的方案，各种角度的斜边充斥着平面，于是建议他画一下室内的家具布置，于是就有了被规整以后方案，保持了谨慎的错动与倾斜。

教师评语

前看日出
后盼明月
上瞻繁星
下听流水

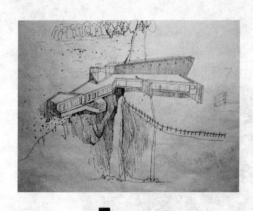

学生：杨剑雷　　　指导教师：王铁

别墅设计是大二上学期最后一门设计课，是对我们综合处理建筑形式与功能关系能力的挑战。别墅的体量小、功能齐全，在设计过程中，老师提出的限制条件少，这些因素使我们对设计这样一件作品充满了热情。在这期间，我们初次体验到了作为建筑师在设计过程中的痛苦与艰辛。因此当看到最终的图纸与模型时，每一位全力参与其中的同学都兴奋不已。

别墅设计的第一步是选址。由于对大海的钟爱，我将地址选在一处风景如画的海湾中。在海中做别墅是我作品的一点与众不同之处。在我的内心世界里，海有博大的胸怀、深邃的情感，这正是我生命追求的境界。所以，在别墅的选址上，我更多是要满足精神方面的要求。

选址在海中是很浪漫的，但在具体设计中能否将这种浪漫变成实实在在的建筑，这是我在下一步设计中遇到的挑战。这种挑战具体来说就是两个问题：一是怎样处理水陆交通联系，二是如何设计建筑的造型。在我的设计中，连接陆地与海中别墅的交通是一条水下隧道。隧道采用框架体系，因此在很长一段都设有大面积落地玻璃。人开车从中经过，就等于穿梭于海底世界。这段隧道除了对别墅的基地环境做了很好的诠释之外，其本身便可成为人们进入别墅的一段神奇的空间体验。别墅的造型力求简约，不追求形式上的复杂与奇特。因为像这样一座体量不大的建筑坐落在海中，它的态度应该是谦虚的，它应该寻求一种与大海和谐相处的姿态。任何复杂与奇特的形态都是在炫耀自身，放在海中都会显得格格不入。因此我尽量选择朴素简洁的几何形体，将其有规律地安排在一起，构成一个整体。我的目的是要使人们看到一个简约，素雅的抽象建筑形态。它可以什么都不像，但它属于这片海湾。

大体解决了造型问题之后，下一步的工作就是要划分建筑内部的功能分区。功能与造型二者是相互影响的。我个人倾向于"形式服从功能"，有时为获得良好的功能不惜牺牲漂亮的造型。我曾数次修改建筑平面，期望达到最合理的划分。随着平面不断深入，我不断对生活空间有更深刻的认识。在这个过程中我明白了尺度是决定空间性质的重要因素，并逐步在心中建立起了尺度感。这种对空间的精确化感知对以后的设计大有益处。

完成了两个月的别墅设计课题，我感到如释重负。我常常一个人玩味着图纸，从各个角度欣赏自己的模型，想像建成后的效果。随着自己知识的增长，审美水平的提高，我从当初的设计中逐渐发现了一些问题，比如某些平面不尽合理，楼梯的宽度过窄，总体造型有些拘谨等等。虽然有这样的问题，我仍对这个作品喜爱有加。它将我的建筑设计深度提高到了一个新的层次，并为今后的设计奠定了良好的基础。别墅设计可作为一次愉快而有意义的设计课程永远珍藏在我的记忆里。

杨剑雷

179

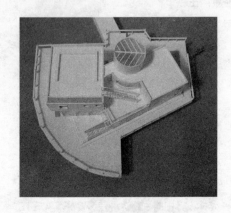

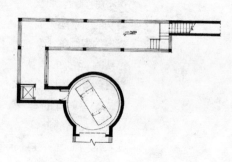

地下层

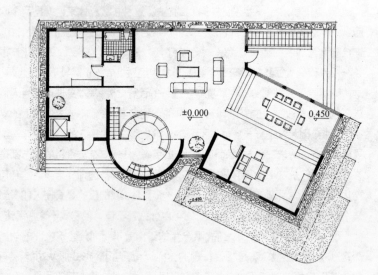

±0.000

0.450

0.450

一层平面

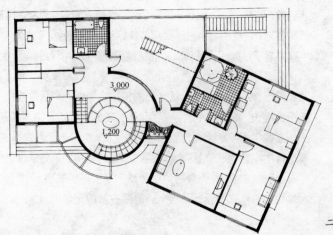

3.000

1.200

二层平面

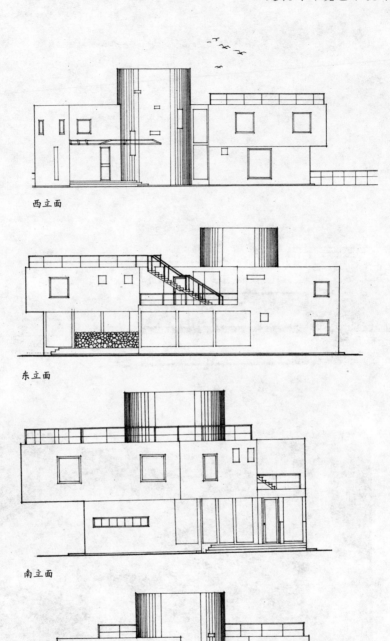

西立面

东立面

南立面

北立面

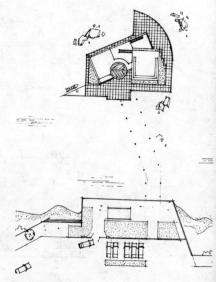

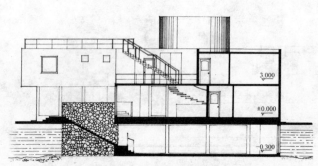

3.000

±0.000

-0.300

小型建筑设计课程

182

学生：王溪莎　　　指导教师：张宝玮

体量：为了创造建筑与自然环境的有机结合，将别墅的主体部分复制成原山地形态，即非自然物与自然物的有机置换。透明玻璃体插入山形实体，直接与湖水接触，视线通透无阻隔，人的身体在这里无限延伸，扩张。

事件：建筑作为一种媒介，是人、事物、信息、情感的变化的传递方。建筑同时也是一系列事件，它是信息流动的节点，是现实存在的派生物。各种场所中发生的事件，都将空间作为交流的媒介，他们在此相遇，重合，形成现象的不同片断。在设计这座别墅时，我没有将空间功能进行限定，而是在同一空间里嵌入多种功能，如餐厅，既是会客厅，又是观景台，还是休息室。各种事件在此重叠，保证了建筑最大的灵活性。

时间：别墅位于岛中央，四面环湖，因此采用圆锥形，得到360度景观，将时间引入到空间中来，一天24小时的自然变化出现在建筑的各个角落。也许某天，你醒来时，可欣赏到朝阳从湖中升起；吃晚饭时，享受夕阳西下；沐浴时，有星河相拥。

自然：我将风、光、水等作为强调零距离的媒介，充分与自然融合，与自然对话。在这我想引用竹山圣的一段话："无为的时光随时都会来，当你躺在床上休息的时候，或是静静的坐在办公桌前的时候，阳光穿过树丛，夕阳西下，流水之声，把无为的时光，把色彩丰富的一切事物都空间化了。"

王溪莎

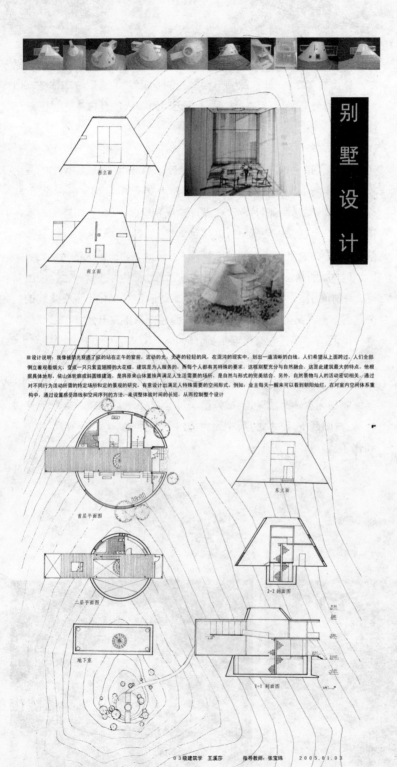

别墅设计

背立面

南立面

■设计说明：我像被阳光穿透了似的站在正午的窗前，流动的光，无味的轻轻的风，在混沌的现实中，划出一道清晰的白线。人们希望从上面跨过，人们全都倒立着观看烟火。变成一只紫蓝翅膀的大花蝶。建筑是为人服务的，而每个人都有其特殊的要求。这棵别墅充分与自然融合。这是此建筑最大的特点。他根据具体地形，依山体轮廓成斜圆锥建造，是将原来山体置换再满足人生活需要的场所，是自然与形式的完美结合。另外，自然景物与人的活动密切相关。通过对不同行为活动所需的特定场所和定的景观的研究，有意设计出满足人特殊需要的空间形式。例如：业主每天一醒来可以看到朝阳始烂，在对室内空间体系重构中，通过设置感受路线和空间序列的方法，来调整体验时间的长短，从而控制整个设计

首层平面图

东立面

二层平面图

2-2 剖面图

地下室

1-1 剖面图

184

03级建筑学　王溪莎　　指导教师：张宝玮　　2005.01.03

学生：王溪莎　指导教师：张宝玮

学生：崔晓萌　　　指导教师：傅祎

与业主的第一次沟通：

业主想要一栋全家四个人所居住的别墅，作为休闲之用。业主希望家人在这里居住，可以觉得放松自在，可以得到真正的精神上的休息。这个地方景色要好，交通要便利，不要离市区太远。别墅要有充足的采光，每个人要有自己相对独立的空间。客厅要开敞，用落地窗，每间卧室都要有相应的书房，不必设客房和佣人房，有一个封闭空间用来看投影。

与业主的第二次沟通：

四天以后，我们谈到了他上次要求的"独立的空间"。我们都有了新的领悟。

他起先希望的独立是没有人打扰自己，在一个属于自己的环境中做自己想做的事情。对这样的家而言，独立的空间是最适合的。每个人都会在这个家中拥有自己的天地。

但是真的把每个人隔开时，独立也不会是真正的独立。一家人，就算不住在一起，心理也会惦念对方。这是一种依恋，长时间的存在才让人忽视了它，但它却一直存在。只在分开的时候才能体会到对家人的那种依恋与关怀。

对于别墅，把每个人独立出来，会不会让他们感到不安呢？也许一墙之隔就能让人懂得聚与散。我们决定要升华"独立空间"的意义。

独立与融合词义上是没有交集的，但在空间上它们可以是并生的。在人的情感上，更是没有明确的界线。

最后：

我们达成共识："独立"仍旧保留，还要加上"融合"。"依恋"可以微妙地展现在空间上。依恋是人的感觉，交融是基于依恋的空间表象。

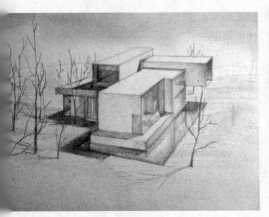

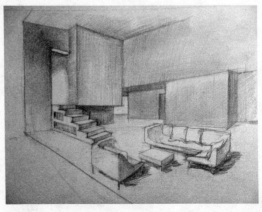

依恋与独立，交融与离散：

离散与交融是两个极端，我们的生活就在这之中徘徊。

离散与交融不是空间或时间上的相隔，它们的联系不是两点之间的线段，也不是密切就意味着交融，疏远就意味着离散。

在我看来，离散与交融应是心灵上的。只有心灵才会沟通，只有心灵才会被喜怒哀乐所触碰，只有心灵才能度量出人与人真正的距离。

我相信心灵上的相通，相信空间与时间上的相隔不是阻碍。

就像落叶不论被风吹散到哪里，终会化为泥土；就像雨滴不论坠落在哪里，终能汇入大海一样。

物皆如此，有着离散与交融，人的生活也是这样的。

我的设计：

首先，基地提供了一个很明确的地形，东南方树稀坡缓开敞，西北方树密坡稍陡，显得隐匿私密。我的设计也依照这种现有的情况，主立面为南立面和东立面，并保持这两个立面开敞，家庭的主要活动区要放在这边。

我把每个人的独立空间设为立方体单元，在四个方向上穿插在家庭的主要活动空间上，意图很明确，通过别墅的基本形态来体现"独立"与"融合"。这样形成的空间有叠加、有出挑，显得整个建筑很生动、有动感，给人带来了一种积极的情绪。

在很多细部上，尤其是每个单元的交接处，我都采用了在墙上开洞口的方式，使得每个独立空间之间多了交流，而且这种交流恰到好处，不会影响到私密生活。洞口的存在提供了多种可能，可以敞开，可以关闭，可以只透过光亮，通过这些可变的细部，人的情绪便可支配空间，而不是空间支配人。

作为住宅，人是中心，建筑最重要的是要保证生活质量，这体现在功能分区上、采光上、私密上等等，人的感受因这些而不同。我尽量把多重因素考虑在内，组成一个流畅的空间，并能满足人的情绪上的改变。

崔晓萌

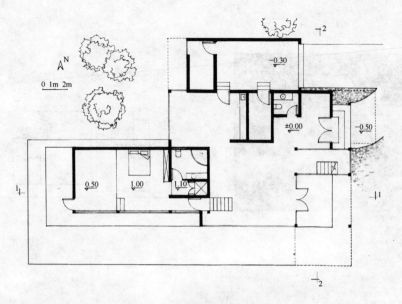

N

0 1m 2m

-0.30

±0.00

-0.50

0.50   1.00   1.10

一层平面

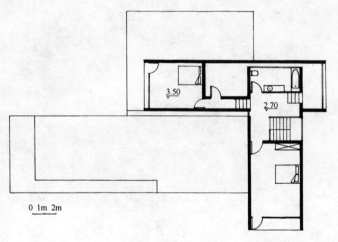

3.50

2.70

0 1m 2m

二层平面

0 1m 2m

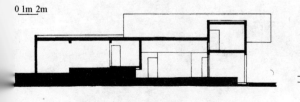

剖面 1—1

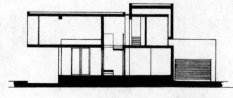

剖面 2—2

187

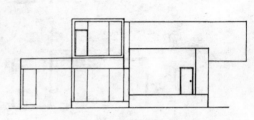

0 1m 2m

西立面

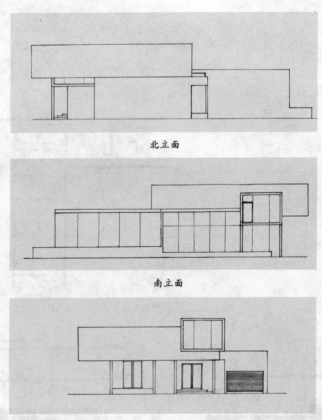

北立面

南立面

188

东立面

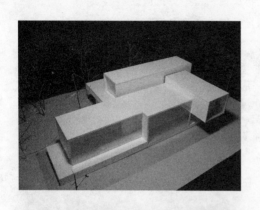
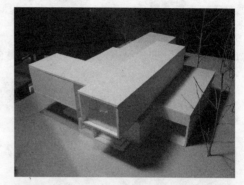
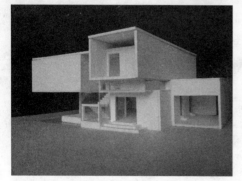
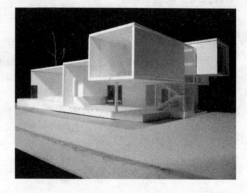

学生：李豪　　指导教师：黄源

经过这蜿蜒的山谷，身处一座座山脚下，沉稳、安宁、山间忽明忽暗。充满了期盼的某种怅然，包含着清新的某种思绪。它们将是踏在这一步步山路上所特有的收获与体验。我选择在这样的环境中建造别墅，无疑要使这种体验长久的驻足于此。因此，我试图将山的沉稳、厚重之感表现在一个居住的整体环境中。要知道人们选择别墅依山而建是有一种新的使命：将精心缔造的空间同精心感受到的大自然精髓融合成一种氛围，自然而整体。在别墅中，我们拥有了新的用于享用生活的空间，诗歌般的抑扬顿挫，稳健中不乏动感。

我的意图在于，使居住者享用这种连通的、稳定的布局。它分为上下两层，一层为客厅、厨房、客房，他们处于半地下状态，与此相连的是三角形庭院嵌于山腰下。上层为工作室、主卧、活动间及其他设施。二层空间有着足够广阔的视野和通透性及充足的光线，同时附属在主体两侧的露台连通着室内外的空间分布。一层与二层有两个相通的楼梯间，行进方向上有着趣味性的角度，在有限的面积中会有不同层次的空间感受。

你所感受到的是厚重的夯土墙，还是那来自南方山脊倾泻下的一缕缕光，带有角度的不断过渡的一层层房间，还有穿过玻璃厅堂，带来潺潺水声的小溪。它们，这些都期待着一个拥有者，一个信仰同自然相皈依的人来享用它。

我用几何的方式对原有的平面进行规划，有了现在的东西。这个课题设计的两个月，与我的生活搅和到了一起，分不开，也影响到了其他的一些事情。最终我领悟到：设计要做出自己的性格；设计与生活的关系不在于时间的问题。

李豪

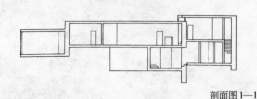

剖面图1—1

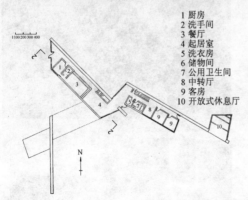

1 厨房
2 洗手间
3 餐厅
4 起居室
5 洗衣房
6 储物间
7 公用卫生间
8 中转厅
9 客房
10 开放式休息厅

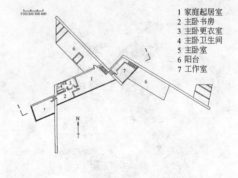

1 家庭起居室
2 主卧书房
3 主卧更衣室
4 主卧卫生间
5 主卧室
6 阳台
7 工作室

首层平面图

二层平面图

191

学生：晏俊杰　　　指导教师：张宝玮

安全的危房

选址在一个悬崖的洞穴里，悬崖底下是大片的森林。

业主希望找一个临界状态，安全和危险的临界状态。

安全和危险之间或许没有明确的界限："最危险的地方同时也是最安全的地方"，"要体验最美好的事物有时不得不冒生命危险"。

我希望通过建筑来体现安全与危险之间的一种关系，一种转化，建筑的形式可以被理解为一个盒子从安全向危险转化的四种状态，也可以理解为四个紧挨着像多米诺骨牌一样逐渐向下滚落的盒子。功能上四个盒子相对独立，从里到外：卧、书、厨、茶，同时空间也由私密到开放再到最私密。

四个盒子不同的倾斜角度以及它们不同的排列位置让各自具有不同的危险系数，从物质层面说最为危险的第一个盒子是茶室以及冥想空间，暗示着人只有在逆境中不断超越自我，"日三省吾身"才能在社会中立于"安全"之境，因此在精神层面上，第一个盒子是最"安全的盒子"；而最里面平放的那个安稳的盒子是卧室，同样也好像有意告诫主人，如果安于现状，纵容自己的惰性，那么他将在安逸中碌碌无为，可以说这个盒子是"危险"的。

交通在这里不只是为了到达某处，而更多的是在体验行走在建筑中的这一变化过程。四个盒子四种不同的坡度，四种不同的行走方式：或走，或蹦，或滑，或爬，让空间呈现出耳目一新的一面。

建筑尽可能的满足了业主的采光要求，由里向外逐渐光明。墙体从外到里逐渐变厚，满足了业主的安全需求，同时结构上也较为合理。每个盒子之间为铰接，也就是说如果铰接点不固定的话建筑是可滚动的，理论上是个名副其实的危房。

晏俊杰

193

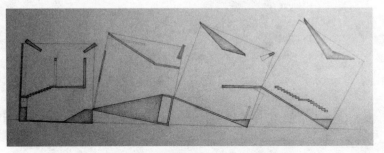

剖面图

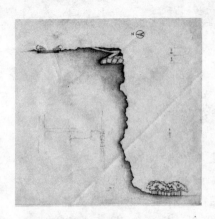

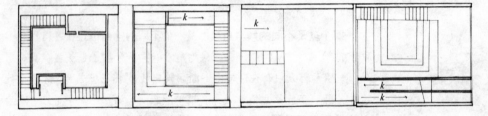

平面图

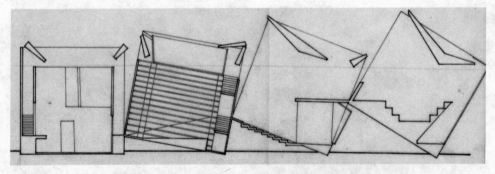

剖面1

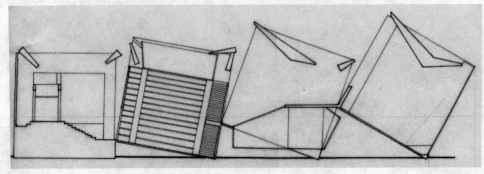

剖面2

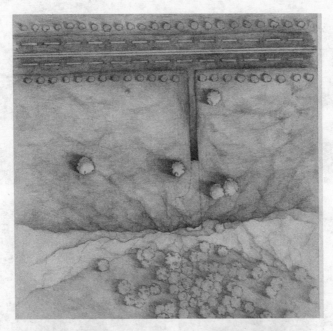

学生：谭新颖　　指导教师：张宝玮

在落雨的树，在生烟的湖，

在幽静，在迷蒙，

你你行走在我的触动里，成为我的故事。

所有随风抖动的日子，

和拥抱过的视线，

和那些色彩的彩色的瞬间……

不再深情地在各处生长，

任凭路重新穿过路，

雨重新落进雨。

一切的一切，

铸在我一个人的独唱下，

任我穿梭独行。

我想，要到那时刻的来临——

被枯萎的黄叶片，

才会再次湿润起来，并且宽容地舞蹈；

并且，

依旧斑驳陆离，

落进我的幽静，

洒在我的迷蒙；

并且，

一个人的我，

被气息销声匿迹，

却在追逐中洗刷重生。

最初创意

197

基地：

在茫茫的林海中镶嵌着众多湖泊，四周山峦上是密密层层的苍松、古栎和杜鹃林。每当雨后初霁，天边的彩霞、远处的峻岭和近处的茫茫林海倒映在湖中。各类野鸭和鸬鹚在水面游弋。高空不时飞过一群不知名的鸟雀，把一声声鸣唱留在了这仙境一般的湖景中。

树林的生命意义一部分在于四季的交替而改变循环，是一个动态的过程。我可以把这种生命意义运用到别墅中，这样使静态的建筑有了动态的意义。使建筑、环境、情感三者融合，让建筑成为一个生命体，和树林具有一样的呼吸频率，一样的循环周期。譬如说，枝繁叶茂的树林在夏日的阳光映透下，点点光斑洒在别墅上，这种斑驳陆离包裹住了整个建筑，别墅更趋向一种活泼的气氛；再譬如说，秋日的黄叶片随风飞舞，洋洋洒洒，肆意恣情地打在建筑上，就如同降落了一场淋漓酣畅的秋叶雨，这就让别墅更具有视觉色彩的诱惑，向你倾诉着一切……别墅和树林之间有一种亲密的对话关系，两者之间相互协调，并以此来感染别墅的使用者，使建筑、环境与人得到沟通交流。

别墅体采用圆的元素，并由一个以圆心为中轴的外延扇形体块穿插进圆体中，将别墅延伸至湖光中。林还可总结为一种竖直元素，而湖面则为一种水平元素，介于这样别墅南面沿湖的部分渐变竖向开窗，而北向内院树林的部分不间断水平开窗，别墅嵌入林海与湖面之中，并随着光的移动形成不同的空间感受。

别墅以外延扇形体为内部空间的分界线，西南面均为公共空间，东南面则为私密空间，两者有扇形体这个半公共半私密的工作室连接。别墅随高度由公共渐进私密。屋顶的不同高度不仅创造出具有等级变化的室内空间，又与自然和谐共融又孑然独立。

谭新颖

小型建筑设计课程

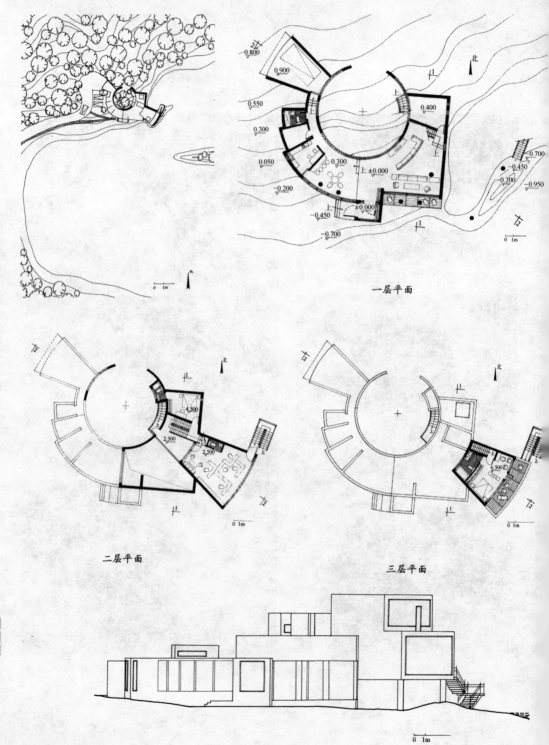

一层平面

二层平面

三层平面

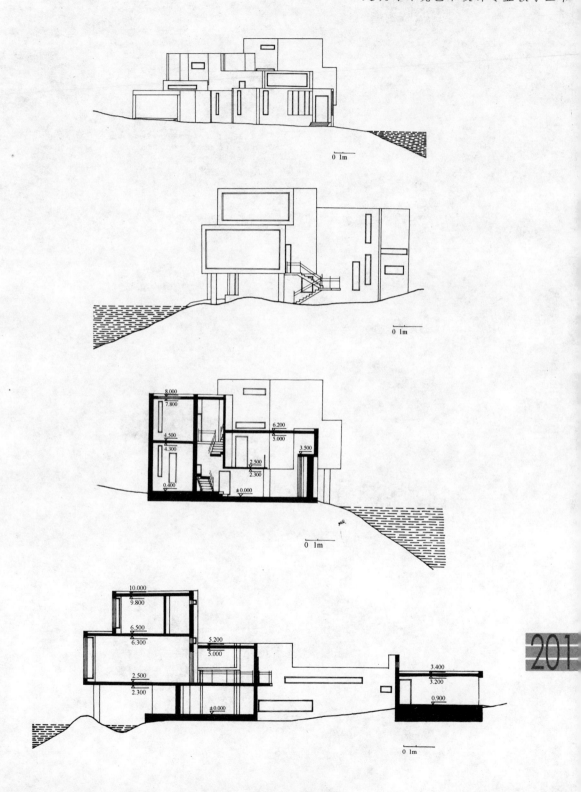

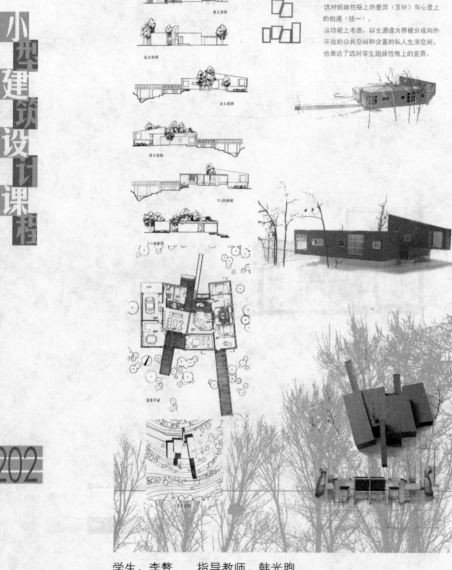

孪生住宅

学生姓名 李 鹜　指导老师 韩光煦

设计日期2005 01 01

设计说明

这座别墅是专为一对性格迥异的孪生姐妹而设计。住宅体现了这对姐妹之间个性与共性的关系。住宅主体由四个盒子组成。平面上以一个方形进行切割生成一正一负具有契合互补关系的两个梯形，这便如同这对姐妹性格上的差异（互补）与心灵上的相通（统一）。

从功能上考虑，以主通道为界被分成向外开放的公共空间和含蓄的私人生活空间，也表达了这对孪生姐妹性格上的差异。

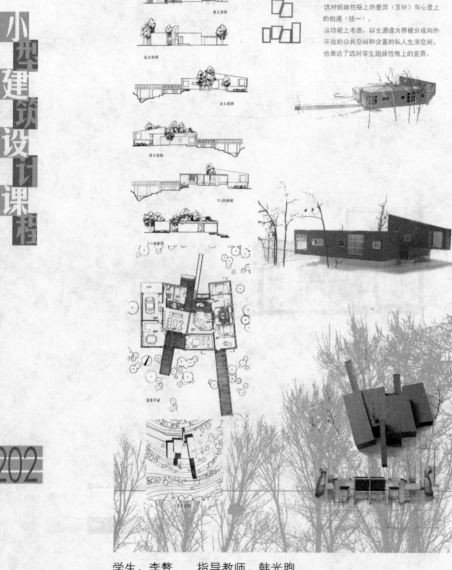

学生：李鹜　　指导教师：韩光煦

别墅设计

TT和CC是我的两个高中同学.
我把TT和CC的别墅建造在他们家乡海边的森林公园,二人都喜欢宽敞的内部空间,享受完全伸展放松的感觉;喜欢空间的通透,可以尽情领略湛蓝大海的神秘魅力.
森林,大海,宽敞通透的别墅和幸福的人儿融为一个统一的整体.

03级环艺 张传奇
指导老师 王铁
设计日期 04.11.1\12.31

学生:张传奇　　指导教师:王铁

设计说明

本建筑根据版画中木版工具墨滚的形态加以变形而建成，我喜欢木版中黑白灰的构成方式，同时向往那样的生活，它单纯而不简单，它纯粹而不失华丽，它古朴而不失丰富，作这个作品的初衷，业主要求体现光在版画中的运用特点，所以我采用了光在空间中形成黑白灰的概念来迎合业主的要求。

别墅设计

指导老师　张宝玮
学　生　刘洋
设计日期　05 1.2

西南向剖面

西南向立面

N

学生：刘洋　　指导教师：张宝玮

作者：曹卿
系列：03
建筑
指导教师：傅祎

二层平面图

一层平面图

谢灵运《山居赋》"抗北顶以葺观，瞰

井邑之宅，旷野之宅，山谷之宅
与周围自然地理环境关系密切，所以
此建筑注重天地合气，万物共融。

南峰以启轩，罗曾崖于户里，列镜澜于窗前。"游戏开始，寻找自由，穿梭其中，出入之际，总能看见自由在因丹霞以赤眉，附碧云以翠椽，视奔星之俯、我四周，亦沉亦浮，若即若离，朦胧的界域由此而生；在这聚吃驰，顾飞埃之未牵。"生活点滴的小天地里我们划动思路，遨游于自由的内心深处！"

盘

北立面   东立面图

西立面图   南立面

1-1剖面图   2-2剖面图

学生：曹卿   指导教师：傅祎

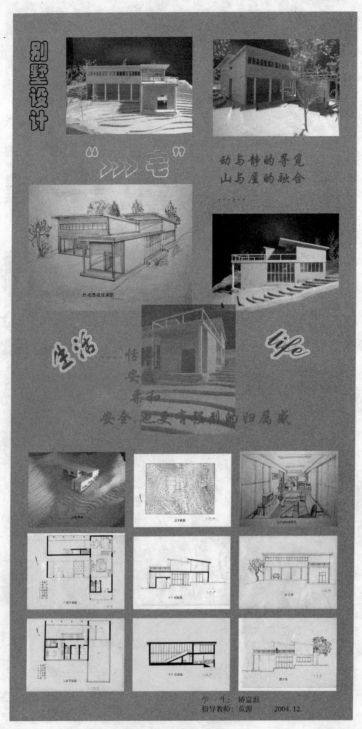

别墅设计

动与静的寻觅
山与屋的融合

学　生：矫富磊
指导教师：黄源

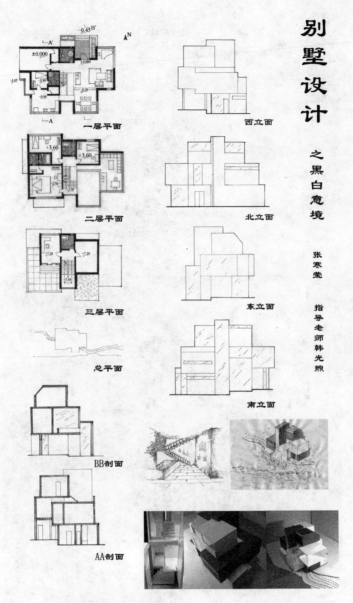

别墅设计

之黑白意境

张寒莹

指导老师韩光煦

西立面

北立面

东立面

南立面

一层平面

二层平面

三层平面

总平面

BB剖面

AA剖面

207

　　此别墅业主为一名水墨画画家，黑与白之间不仅是他创作的空间，也是他生活的空间。

　　本设计共有三层，一层为公共空间，二层为休息空间，三层则为工作空间。黑白盒子的交错搭接，在立面上形成了构成的画面，而所有的窗口部分，透至空间内部则也形成了所谓的灰。由于内部一些错层使得外部形态变得错落有致。

　　其周围环境可能更多则是日本枯山水的感觉。黑白的玄也正与其感觉相得益彰。

学生：张寒莹　　指导教师：韩光煦

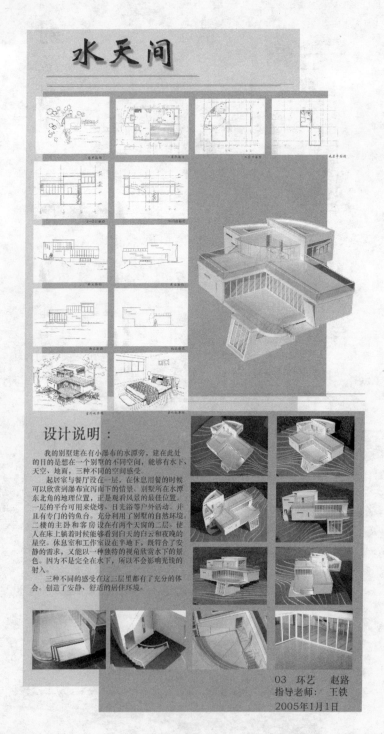

水天间

设计说明:

我的别墅建在有小瀑布的水潭旁,建在此处的目的是想在一个别墅的不同空间,能够有水下、天空、地面,三种不同的空间感受。

起居室与餐厅设在一层,在休息用餐的时候可以欣赏到瀑布宣泻而下的情景。别墅所在水潭东北角的地理位置,正是观赏风景的最佳位置。一层的平台可用来烧烤、日光浴等户外活动,并且有专门的钓鱼台。充分利用了别墅的自然环境。二楼的主卧和客房设在有两个天窗的二层,使人在床上躺着时候能够看到白天的白云和夜晚的星空。休息室和工作室设在半地下,既符合了安静的需求,又能以一种独特的视角欣赏水下的景色。因为不是完全在水下,所以不会影响光线的射入。

三种不同的感受在这三层里都有了充分的体会,创造了安静、舒适的居住环境。

03 环艺 赵路
指导老师:王铁
2005年1月1日

学生:赵路　　指导教师:王铁

03环艺 杨振华 530300300
指导教师 韩光煦 05.01.04

光之翼

——别墅设计

业主：玩具设计师兼开发商

特殊要求：职业决定，客厅开阔有气派及陈列室一间；喜欢娱乐，棋牌室及家庭室要有生活氛围；注重饮食，餐厅要有独特的品位。

居住人数：6人

父母，业主夫妇，孩子及佣人。

用地环境：北京市 别墅西北方1000m处有青山，东南方200m处有一 3m宽人工河。

设计说明：根据业主要求，"以人为本"为出发点，从内部空间功能最优考虑，外部造型简洁大方，大面积玻璃面墙的设计让阳光更多的进入生活空间，适于北方居住通透宽敞明亮，从内到外都给人一种家的温馨感，故称"光之翼"架空有利于欣赏远山的景色同时可以防潮。室内标高的不同体现了业主的喜好。

学生：杨振华　　指导教师：韩光煦

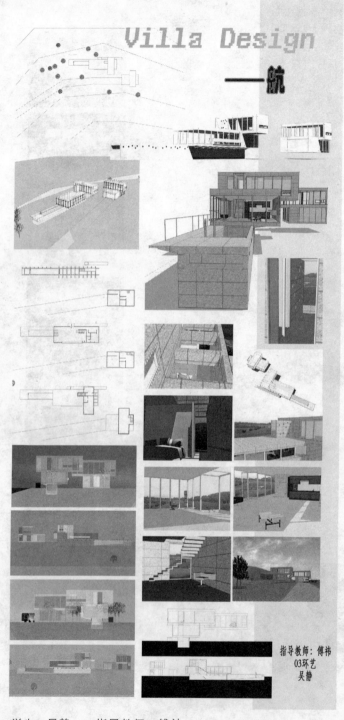

Villa Design

一航

指导教师：傅祎
03环艺
吴静

小型建筑设计课程

210

学生：吴静　　指导教师：傅祎

平衡&不平衡

此栋别墅为自己和父母而设计，父母总在挂念着我们，我要表达是相互挂念的亲情。住在别墅不同部分的人可以通过房体的倾斜与平衡而感受到"对方"的的存在。于是有了把别墅建在带有轴的平台上的想法。房体可以通过自重控制房子的倾斜，在不影响正常生活的前提下，房体由于重量不平衡而微动。

轴位于房屋入口处，没有人进入的情况下房屋的两部分处于平衡。当家庭成员全部在家时也处于平衡状态。成员没有全部回家时房屋不平衡。

　我父母性格直率，喜欢宽敞的空间。虽然两代人互相牵挂，但都有各自的生活方式，所以房屋分成两大部分，有着各自独立的卧室、厨房、浴室、客厅等生活空间。

主要材料:钢筋混凝土　木板饰面

一层平面

二层平面

立面1

Balance

balance

立面2

立面3

立面4

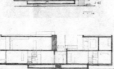

balance

别墅设计530300427

环艺03

学生：王强　　指导教师：王铁

211

建筑的开始（2003 年）——中央美院教师活动中心设计

课程组织与策划：傅祎

指导教师：张宝玮，韩光煦，傅祎

学生：02 建筑

人数：55 人

授课时间：12 周

在此次课题设置上，引导学生在一些建筑基本的问题中重点关注建筑的场地性。课题是选择中央美院教学主楼(5号楼)四个内庭院中的一个为基地，设计建筑面积250m²左右的一到两层的教师活动中心。建筑不能影响原有的交通组织和教学主楼的通风采光，考虑与周围建筑与环境的关系，考虑餐饮、交流、展示、服务、厕所、库房、管理等功能的安排。

小型建筑设计课程

秋天的风儿悠悠的，
秋天的阳光懒懒的，
院天的雨滴凉凉的，
秋天的院子冷冷的。

沐着秋日残留的金光，
抚着秋风荡起的水涟，
我和院子一起
品味着悠悠的寂寞 丝丝的惆怅

我们一起闭上眼睛，
用温水暖暖的温习着过去；
我们一起睁开双眼，
眼前依旧是
瑟瑟的风 凉凉的雨 懒懒的光。

偶然间有路人经过，
却不曾驻足，
伤佛风吹的落叶，
好似流浪的浮云，
不知从何处来，
不知到哪里去。

我和院子一直相伴，
看着周围的人，望着周围的事。

一周迎来了风儿送走了雨滴，
迎来了日出送走落日。
不曾对语，
却心足相通。

天晚了，我该回家了，
依星星陪你做伴
院子无语……

随着闪烁的星光，
伴着缓缓的步伐，
我独自踏上了回家的路，
留下了
那空空的院……

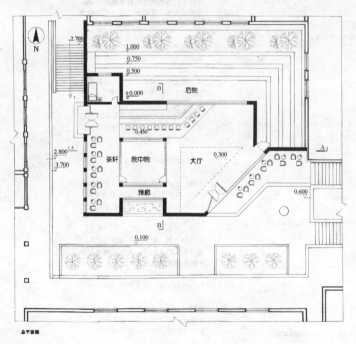

总平面图

总面积：240m²

学生：王志磊　　指导教师：傅祎

教职工活动中心

02级建筑 王志磊

指导老师: 傅袆 张宝玮 韩光煦

俯视图

a-a剖面图

北立面

南立面

西立面

东立面

b-b剖面图

教职工活动中心坐落于西北院。从空间性质上，西北院更符合传统意义上的院落，四周不封闭，保留了传统中国院落的意义。

这里拥有最通畅的交通条件，并且与地下图书馆、学术报告厅、多功能厅相邻近，人流很多。

然而在西北院中建造，又无疑是对中心虚无的传统中国院落空间秩序的一种挑战，与西北院原设计的意图相悖。

我不想因为建造而使院落的意义被瓦解，而想使院落的意义得到肯定，甚至是加强，使它真正成为交流的空间。

于是我开始建造院中院——在原有的院落中建造意义上的另一个院落。

现场测绘的过程中，西北院独特的气质感染了我，使我想到了"园"。

于是我围合了一个安静的后院，使之成为室内庭院的借景，又成为了独立的游戏空间。

于是"院"与"园"便叠加了。

因为它是院，所以它拒绝了全封闭的空间，它的内部完全通透，私有空间与公共空间通过院中院交汇融合，形成概念上的大院子。

因为它是园，所以便可以游戏空间，通过重重的玻璃幕，室内外融为一体，消解了建筑的孤立性。

建筑从属于院，建筑归属于园。

教职工活动中心在我眼中就是这样一个场所——用于交流、用于游戏。它是一个"院"、"园"和"建筑"的重合体。

学生：王志磊　　指导教师：傅袆　张宝玮　韩光煦

小型建筑设计课程

214

中央美术学院
教师活动中心设计

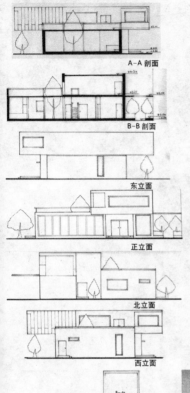

A-A 剖面

B-B 剖面

东立面

正立面

北立面

西立面

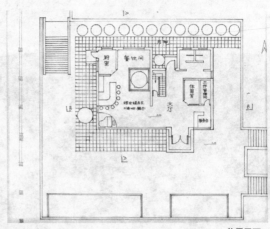

首层平面

面积：253.7m²
餐饮间：16 m²
娱乐厅：56 m²
茶室：60 m²

它并不是隐藏在灰色之中
却也不是强烈的
而是一种点缀
是融合而有变化的
是张扬而不张裂的
平和中透露着生气
个性中加入了共性
——活动中心意象

我以美院的方形作为元素，
以两个方盒子相叠为创意初衷
希望达到我所要达到的效果
材料上还是美院灰色的材料
有室内的围合（树）
与美院的内院相呼应

02 级建筑：罗宇杰
指导教师：韩光煦

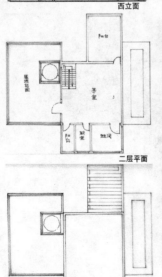

二层平面

学生：罗宇杰　　指导教师：韩光煦

学生：罗宇杰　　指导教师：韩光煦

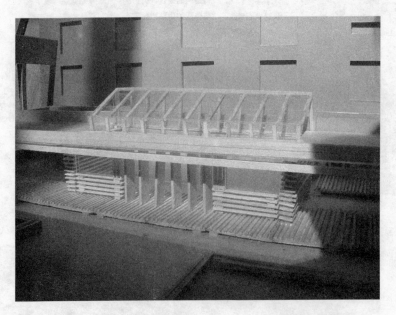

学生：范懿　　指导教师：张宝玮

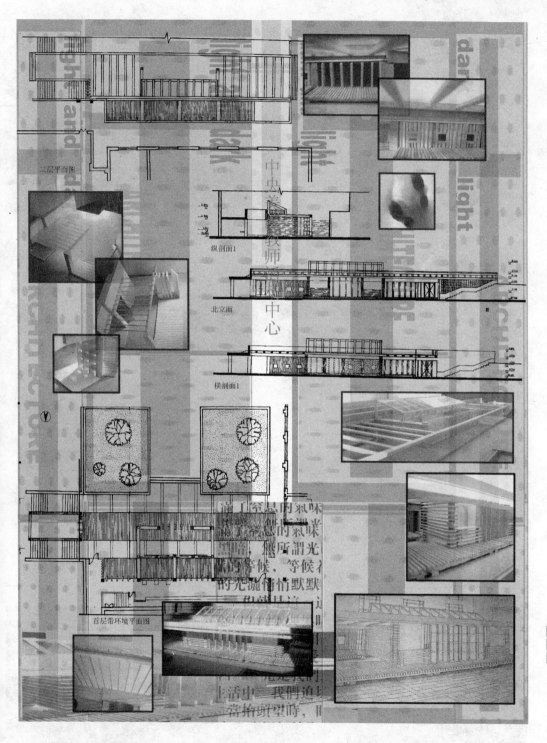

二层平面图

中央美术教师中心

纵剖面1

北立面

横剖面1

首层带环境平面图

学生：范懿　　指导教师：张宝玮

中央美院教师活动中心设计

02建筑 周吟
指导老师：傅祎、张宝玮、韩光煦
建筑面积：298m²

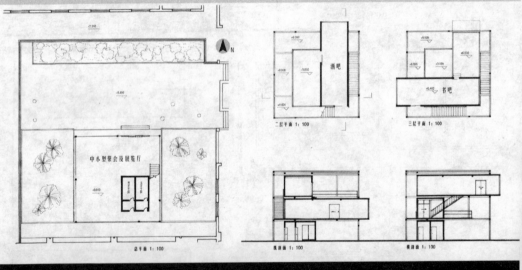

总平面 1:100

中小型聚会及展览厅

酒吧

二层平面 1:100

书吧

三层平面 1:100

纵剖面 1:100

横剖面 1:100

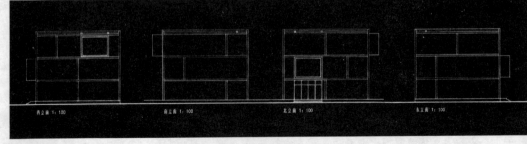

西立面 1:100　　前立面 1:100　　北立面 1:100　　东立面 1:100

学生：周吟　　指导教师：傅祎　张宝玮　韩光煦

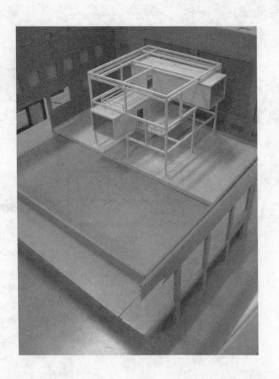

学生：周吟　　指导教师：傅祎

学生：姚元元　　指导教师：韩光煦

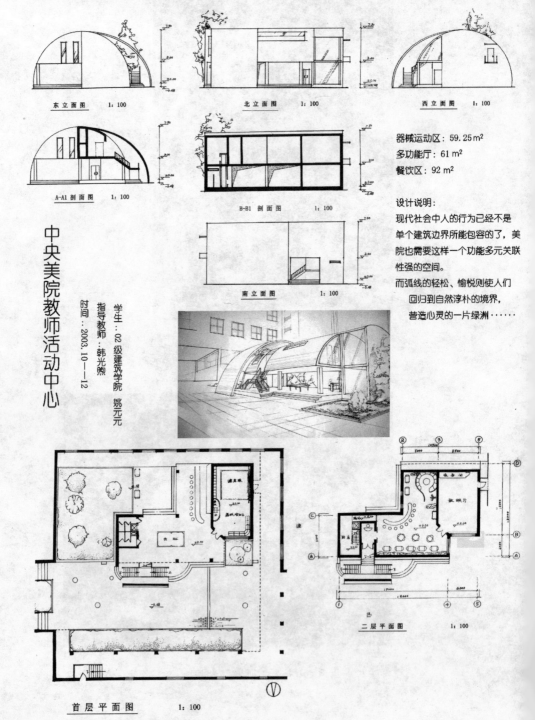

东立面图　1：100

北立面图　1：100

西立面图　1：100

A-A1 剖面图　1：100

B-B1 剖面图　1：100

南立面图　1：100

器械运动区：59.25 m²
多功能厅：61 m²
餐饮区：92 m²

设计说明：
现代社会中人的行为已经不是
单个建筑边界所能包容的了，美
院也需要这样一个功能多元关联
性强的空间。
而弧线的轻松、愉悦则使人们
回归到自然淳朴的境界，
营造心灵的一片绿洲……

小型建筑设计课程

中央美院教师活动中心

学生：02 级建筑学院　姚元元
指导教师：韩光煦
时间：2003.10——12

220

首层平面图　1：100

二层平面图　1：100

学生：姚元元　　指导教师：韩光煦

建筑的开始（2002年）——别墅设计
课程组织与策划：张宝玮
指导教师：张宝玮，傅祎
学生：01建筑
人数：30人
授课时间：12周

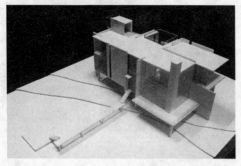

学生：陈霞　　指导教师：张宝玮，傅祎

学生：冯霄　　指导教师：张宝玮，傅祎

221

学生：景思博　　指导教师：张宝玮，傅祎

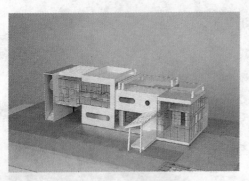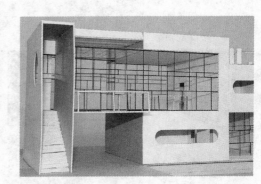

学生：李丽妹　　指导教师：张宝玮，傅祎

学生：袁路　　指导教师：张宝玮，傅祎

学生：赵子权　　指导教师：张宝玮，傅祎

第七章 课程总结——
存在的一些问题

　　建筑内部拥有三种关系，分别是建筑与地球的关系，建筑与人的关系，建筑和自己的关系。建筑与地球的关系可以表达为：建筑对地球引力的表达——稳定或者失衡；建筑对自然因素的反映——风霜雪雨，四季与早晚，阳光与阴影；建筑的可持续发展与效能的问题。建筑与人的关系可以表达为：人的生理反应与建筑的关系；人的心理感受与建筑的关系。建筑与自己的关系也就是建筑的整体性原则。

　　设计的过程并不是一个直线性的过程，建筑设计也不可能在把所有问题与限制都想清楚以后再开始。设计的现实与既定的程序没有关系，它需要的是设计师在各个问题和问题的各个方面，以任何次序，任何时间来回的跳跃思考，或同时考虑几个问题，循环往复地研究直到得到明确的解决方案。设计的行为一方面包含逻辑性的分析，另一方面又包含创造性的思维。所有出色的建筑都源于建筑师在设计方案阶段的明确和富有想像力的决策，以此为基础才可能有一个相应的建筑立体结果的创造性飞跃。

　　同学们开始时在头脑中会有一个不具体和不清晰的建筑形象，借助草图与模型才能将其表达清楚并检验其正确性。通常当一个平面出来的时候，一个剖面关系，一个细部构造或局部的家具布置已经生成。再过一段时间平面又被搁置到一边，我们又去追求那些零散的想法，设计的进展像踩着碎步的舞蹈，三步向前，两步旁行，一步倒退。每个课程设计的案例，都像婴儿学步，站起来，摇摇晃晃，走几步跌倒，又起来。设计是个反复推敲与抉择的过程，我们痛并快乐着。立面应该是设计最后发展的部分，立面图使建筑的影像过于清楚，以至于终结了设计的过程。但立面绝对不是平面功能安排妥当之后，顺势把平面拉高，就好了。应该是从头开始，平面立面一起考虑，而且在做模型的过程中还可以发现很多问题，便于更好的完善方案。

　　设计强调过程，在过程的每个阶段所要解决的问题是不同的，于是课程强调时间的管理，我们希望学生跟随教学节奏，这对初学设计的学生很重要，可以帮助他们最终完成一件设计作品，并完整地表达

223

出来。要制止一些同学总是停留在方案的开始阶段，无节制地反复。引导和培养学生形成自己的判断，本来问题的解决方案就不是恒一的，关键是在不同阶段的选择与割舍，不能盲目的与其他同学的方案作比较，以自己之短比别人之长，这只是设计的特点不同而已。在中期成果出来之后，由于形式的创造而激发了想像力的跃进，建筑的雏形开始成型之后的观念的变化，才是设计中的最关键与最困难和令人生畏的部分。学生在这个时候的抉择与坚持是很关键的，往往需要教师的鼓励与提醒。

结果有时也不很重要，那是别人能看到的，而在过程中的专业成长就只有同学们自己明白。所以作为老师，对于学生的第一个设计，不主张开始时候的精彩想法，固然开始时的精彩想法，通过努力得到个完美结果，是最令人兴奋的，不论对老师还是学生。但是一个起跑稍慢的学生，最终比赛得到好的名次，对于这个学生来说更有意义。看过很多专业学习开始的时候颇有才华的学生，在毕业时未必是班里的尖子学生，毕竟建筑设计的学习光凭借一点灵气是不够的。

追求原创和与众不同的设计，学生有这样的志气是特别需要鼓励的，一些天才的学生也表现出了这样的能力。但对于大多数的初学者来说，在之前的教育与生活中，对于建筑的鉴赏训练严重不足，我们的眼球没有得到滋养，脑袋里是空空的，所以我们不能排斥大师的作品，关键是如何学习与运用图书资料。初学设计的人会碰到这样的问题，一些是追逐各种建筑潮流，不问所以，盲目抄袭，在形式上将各种自己喜欢的东西拼凑到一起，建筑形象琐碎零乱；另有一些学生想法和手法都很欠缺，缺少判断，过于拘谨，作品形象呆板。面对大师的作品，我们要整体全面的阅读，不能只看照片，那样获得的都是些零散的建筑印象，我们应该坐下来读一读建筑的背景资料，了解一下建筑师一贯的手法与理念，读平面图，剖面图，立面图等，再比照照片，想像和体验一下大师作品的空间感觉，获得对这一建筑的整体印象。除此之外，开始的时候还应包括《建筑设计资料集》类书籍的查阅，帮助快速了解有关经验结论与数据。但最关键的还是要开始，设计开始于你对基地的分析；你与业主沟通的结果；你想要表达的主题。我们所设计的，不论什么必须是有用的，但同时要超越使用性，这样，一个好的作品其精神层面自当浮现。

建筑制图本身不是目的、不是艺术品，图纸是建筑师的语言，画不出来的，才需要建筑师用嘴补充，但大部分时间来说，图纸是一套指令，是对建筑工人的指导，建筑师发出大量完全客观的设计图及说明文件。这些东西必须十分清晰明了，准确而严谨，在结构上不容置疑。在制图方面一些同学还存在着问题：在总平面图里只是把建筑的屋顶平面放到图里，没有反映建筑入口、停车位置、停车方式、基地的道路设计与基地外情况的关系（这也是总图设计的问题）。在平面图中，经常会出现标高不"交圈"，楼梯踏步的级数与宽度随便画，楼梯平台宽度随便画，门扇尺寸大小随意，线型的混乱造成建筑室内空间不闭合，建筑室内外没有高差，或者有高差处的大门外没有平台；剖面图中该有梁的地方没有画，楼梯部位没把楼板断开（楼梯是插入平面中上下贯通的垂直空间），屋顶的问题也是剖面图中常出现的问题：屋顶是平的还是斜的？是突出于墙面之外以提供自然气候下的保护还是退到女儿墙的后面？是在结构上和视觉上把屋顶看作是一把与主体结构分开的轻质的伞？或仅是从防水的实用出发来考虑屋顶的构造？在制图与设计的时候要考虑三视图的对应关系，立面设计中各立面要有呼应关系，避免各自为政。

版面构图的目的是为了充分表现设计内容，要以易于辨认和美观悦目为原则，照顾从上到下、从左到右的看图习惯，好的构图必须带来预期的统一和秩序。构图布局要考虑图底关系，画面构图考虑各图形的位置均衡，疏密得当。一般的构图布局可以分别以顶部、底部、一侧为布局重点，强调水平、垂直、斜向或集中于一点的构图。图中字号、字体统一，画面考虑整体效果，不要滥用电脑软件，为排版而排版，过分花哨的背景会影响对设计的阅读。三视图尽量保持作业要求的比例，如果需要缩放，应该保持一致，并画上比例尺。不能因排版需要，随意的拉伸、缩短、颠倒三视图纸(图7-1)。

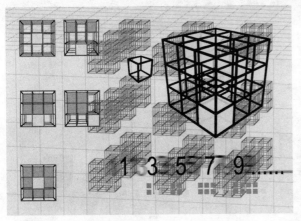

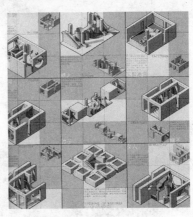

225

图 7－1(1)　　　　　　　　　　　图 7－1(2)

图7-1　中央美院建筑学院各届学生作业，以此作为图面排版举例

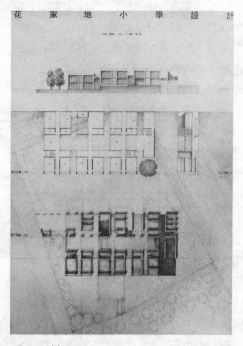

图 7 - 1(3)

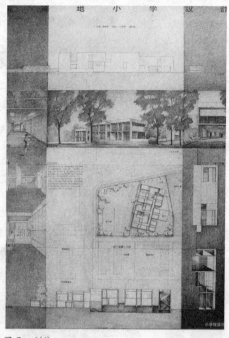

图 7 - 1(4)

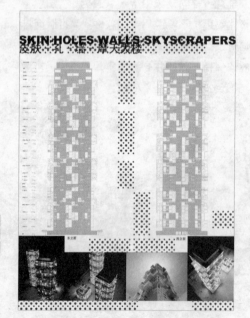

图 7 - 1(5)

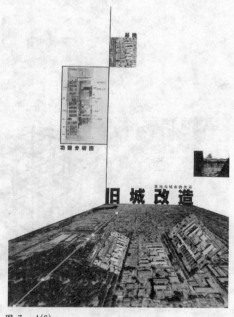

图 7 - 1(6)

以目前国内建筑设计界通行的着重表达成果的二维和三维的建筑软件（CAD、3DMAX）而言，借助这些软件进行设计，会使画面过于清晰，使一些本该在稍后时间出现的问题提前来到；对于计算机屏幕的过分专注会使我们感到太过局限与偏颇，以至于无法洞见整体；计算机出图太过干净没有了那些涂抹擦拭的痕迹，而那些痕迹所暗示的是一个设计概念在发展过程中的历史。要创造一个严谨完整的整体，必须由了解设计概念的发展而来。所以一般来说，我们不主张同学们在开始的时候这么用电脑做设计，草图的训练能够同时协调人的手、眼、脑，利用草图来设计在设计早期摸索阶段还是最容易和最有效的方法。

当今的国际建筑设计界，由于计算机运算速度快速提高，电脑造型软件的开发普及，在计算机辅助设计和辅助制造下，使得建筑师创造各种复杂体型，如曲面、扭转、不规则形以及体块的复杂穿插等比较随意的建筑造型难度大为降低，计算机可以帮助建筑师将想像中的形象模型化、实体化，甚而帮助完善生成，同时将各种构造和各种材料之间连接的细节作出准确的图解，对于那些异常复杂的建筑形体，用设计图纸和实体模型已经难于表现，而在电脑技术的辅助之下，建筑师的想像力可以得到淋漓尽致的发挥，建筑设计造型达到了前所未有的丰富与复杂。在国际上众多的这样的建成和未建成的建筑，影响到同学们对于有机形态、复杂空间的追求。

大量复杂的较易操作的用于画草图和制作三维模型的计算机软件（SKATCH UP，犀牛等等）会从基础上改变由软铅笔和草图纸，卡纸或软木纤维板实物模型的设计传统，成为帮助我们进行初期的实验性的形式创造并快速得到结果的最好工具。个别同学在方案设计过程中用传统的图纸和手工模型的方式难以表达其设计的想法，明显所学知识和表现技巧有限，手段限制了表达，在模型制作方面还可以考虑用雕塑泥，铁丝网和纸浆等材料，但图纸表达上就比较难了。但在课程教学上，目前难以在这方面给予学生足够的帮助。因此迫切需要建立数字建筑实验室，由专人在课外给学生的方案设计以技术手段的支持。

对于课程来说，应该安排更多机会的全班评图与交流，让学生们听到更多老师的声音，甚至是校外的专业人士的意见，目前的教学规模为此带来了一定的困难，同时展览空间与作品收藏空间也为此所限。对于我来说，在课题限制的设定上以及在课程辅导的时候，给学生指出〝能与不能〞的界线，是让我最困惑的地方，这需要教师的智慧与学识。以盲人推拿师作为别墅业主的陈苑苑，方案开始的角度非常的独特，她希望通过视觉以外的感受来认知建筑，可能这样的选题，基地并不是很重要。陈苑苑选择了张永和在"长城脚下的公社"的项目中的"二分宅"的基地作为方案的基地，由于是山地，这给方案带来了难度。尽管她的方案和基地的关系处理的还是相当不错的，但可能是太多的精力用在处理建筑与基地的关系上了，因此削减了最初想法的特质。由于辅导的学生人数的关系，或者是自己的才疏学浅，错过了一些同学最需要我帮助的时机，让我觉得遗憾。

对于学生来说，学习与沟通的能力，严谨和负责的态度，坚持与坚韧品格，守时与对完美的追求都是需要注意培养的。建筑师的职业更多是要花别人的钱来盖房子的，别人交给你几百万几千万甚至上亿的钱，你得给别人一个可信的感觉，无论是设计水平还是为人操守。要成为伟大建筑师的首要十条：

10．不忽视实践

9．注重具体情况和股东要求

8．寻求经济的方式

7．运用数学科技推动设计

6．培养对构造和工程学的热情

5．与客户，同事和公众有效的沟通

4．熟悉时间管理的优先级别，以绝对优先权通知时间管理部门

3．一生勤学不辍

2．提高伦理姿态

1．提高标准

（引自《建筑师设计便携手册》（美）帕特·格思理，中国建筑工业出版社）

后　记

　　作为一本建筑设计入门的书，此书并不能完全视作教材，它只是中央美院建筑学院教学实验过程的记录。本书试图结合课程的进度，建立一个教学模式的框架，力求把一些建筑的基本问题深入浅出并且准确地表述清楚，整体和系统的概念是所有要表述的内容里最重要的。课程的知识点集中在对建筑场地、功能和形式的研究上。建筑的结构构造等技术性问题，与建筑的历史文化传承和公共性问题没有太多谈及，在课程辅导中也相对较少提及建构的内容，因为在开始第一个课程设计里谈论这些为时尚早。在学生们还没有建立一个概念系统的时候，塞进单一的知识点与细节是没有意义。因为有关的详细论著都已很丰富，加上自己的才疏学浅，一些内容往往也都是点到为止，不能全面深入。在查证资料的过程中，发现了许多个人学识的狭隘，希望没有误人子弟。书中定是存在许多缺点和不足，甚至是差错，希望得到专家、学者和广大读者的批评指正。

　　笔者作为课程的组织和策划者记录下课程的全过程，并将这几年教学的成果与得失加以整理，集结成册。课程的成功是各位老师通力合作与共同努力的结果，更离不开学生们的激情投入与全力以赴。为此特别感谢张宝玮和韩光煦两位老先生对晚辈的鼎立支持，我已是多次与两位老先生合作上这门课了，张先生意识超前，思维活跃，一些精彩的教学点子来自于他；韩先生教学严谨扎实，他的建议使教学计划更趋缜密完善。我要感谢王铁老师和黄源老师的精诚合作，在教学空间紧张的情况下，作为前辈，王铁老师挤压自己，谦让与我，黄源老师帮助我编写了部分教学文件，同事间的教学切磋，使我获益匪浅。我最要感谢的是参加课程的学生们，他们表现出来的创作激情与才华，思辨与表达的能力，活跃的思维，他们方案的原创性，设计和表达技巧，设计深度和完成度，都超过了老师们预期的目标。他们的杰出表现与热情是课程不断进步的动力。

　　作为一个三岁多孩子的母亲，同时要忙于教学、设计实践和日常事务性的工作，致使书稿提交的时间一拖再拖，尽管文字粗糙了些，文章架构还有修凿的余地，好在是赶在了丛书出版的整体计划里，因此非常感谢中国建筑工业出版社李东禧主任和唐旭编辑的宽容与耐心，也感谢我的家人一直以来的支持，特别要感谢我的公公、婆婆还有二静，帮我承担了大部分的家事，使我得以挤出时间完成书稿。

229

参考书目

1. 《建筑形式的逻辑概念》(德)托马斯·史密特著，肖毅强译，中国建筑工业出版社

2. 《建筑设计笔记》(英)A·彼得·福系特著，林源译，中国建筑工业出版社

3. 《别墅建筑设计》(建筑设计指导丛书) 天津大学邹颖，卞洪滨编著，中国建筑工业出版社

4. 《建筑初步》—(美)爱德华·爱伦著，刘晓光等译，中国水利水电出版社／知识产权出版社

5. 《20世纪世界建筑——精彩的视觉建筑史》(英)丹尼斯·夏普著，胡正凡，林玉莲译，中国建筑工业出版社

6. 《建筑学教程—设计原理》赫曼.赫兹伯格著，天津大学出版社

7. 《建筑空间组合论》彭一刚著，中国建筑工业出版社

8. 《序列系统—建筑设计概论》爱德华·怀特著，王淳隆译，尚林出版社

9. 《建筑表现手册》保罗·拉索著，周文正译，中国建筑工业出版社

10. 《设计与分析》伯纳德·卢本等著，天津大学出版社

11. 《美国建筑画—复合式建筑画技法》(美) M.萨利赫·乌丁著，中国建筑工业出版社

12. 《建筑设计创造能力开发教程》罗玲玲主编，中国建筑工业出版社

13. 《设计几何学—关于比例与构成的研究》(美) 金伯利·伊拉姆著，李乐山译 中国水利水电出版社／知识产权出版社

14. 《建筑的艺术观》STANLEY ABERCROMBIE著，吴玉成译，天津大学出版社

15. 《建筑入口形态与设计》梁振学著，天津大学出版社

16. 《新有机建筑》(英)戴维·皮尔逊编著，董卫等译，百通集团／江苏科学出版社出版

17. 《当代建筑与计算机—数字设计革命中的互动》(英) 詹姆斯·斯迪尔编著，徐怡涛，唐春燕译 中国水利水电出版社／知识产权出版社

18. 《实验性住宅》(英) 尼古拉斯·波普编著，中国轻工业出版社

19. 《当代世界建筑》刘丛红等译，机械工业出版社

20. 《环境心理学》林玉莲，胡正凡编著，中国建筑工业出版社